高等院校风景园林设计初步系列规划教材

造型基础·立体

刘毅娟　编著

中国林业出版社

高等院校园林专业通用教材
编写指导委员会

顾　　问	陈俊愉　孟兆祯
主　　任	张启翔
副 主 任	王向荣　包满珠
委　　员	（以姓氏笔画为序）

弓　弼　王　浩　王莲英　包志毅　成仿云
刘庆华　刘青林　刘　燕　朱建宁　李　雄
李树华　张文英　张建林　张彦广　杨秋生
芦建国　何松林　沈守云　卓丽环　高亦珂
高俊平　高　翅　唐学山　程金水　蔡　君

中国林业出版社·教材建设与出版管理中心

策划编辑　康红梅　责任编辑　田　苗　康红梅

图书在版编目（CIP）数据

造型基础·立体／刘毅娟编著．—北京：中国林业出版社，2010.6（2022.10重印）
（高等院校风景园林设计初步系列规划教材）
ISBN 978-7-5038-5923-6

Ⅰ.①造⋯　Ⅱ.①刘⋯　Ⅲ.①立体－构图（美术）－
造型设计－高等学校－教材　Ⅳ.①J06
中国版本图书馆CIP数据核字(2010)第178798号

出版发行	中国林业出版社
	（100009　北京市西城区德内大街刘海胡同7号）
	E-mail：jiaocaipublic@163.com　电话：83224477
	网址：http://lycb.forestry.gov.cn
经　销	新华书店
制　版	北京美光制版有限公司
印　刷	北京中科印刷有限公司
版　次	2010年9月第1版
印　次	2022年10月第2次印刷
印　张	9
开　本	889mm×1194mm　1/16
字　数	217千字
定　价	58.00元

未经许可，不得以任何方式复制或抄录本书之部分或全部内容。

版权所有　侵权必究

序 言

　　风景园林是人类的梦想与现实的结晶，是人类共同的精神家园，也是最佳的人居环境。中国的风景园林拥有3000多年的优秀传统，是中国文化不可或缺的重要组成部分，是中国伟大文明的象征。当前我国经济、社会、文化生态建设取得了巨大的成就，并且正处于全面快速发展的时期，风景园林事业也在全面落实科学发展观、建设和谐社会方面起着不可替代的调节作用：她为人们提供良好的自然环境和人文环境，在调节人们的思想情趣、价值取向等方面有着潜移默化的特殊效果，最重要的是其最终可以促进城市中人与自然的和谐，从而实现国家向资源节约型、环境友好型的社会方向发展。

　　自20世纪20年代中后期我国高等院校开始设置风景园林类课程以来，已逾80年。这些年来，中国风景园林学科历经坎坷，终于迎来如今的蓬勃发展，逐渐走向成熟。新时期的风景园林学科无论是内涵还是外延均有了长足的发展，已成为一门融合自然科学、工程技术和人文科学于一体的综合性学科。

　　"造型基础"是风景园林规划设计的重要专业基础课程，是构建学生专业能力和素质的重要教学环节；而作为"三大构成"之一的"立体构成"是造型基础中不可或缺的部分。作者经过多年的教学实践与不断的探索和积累编辑出版这本教材，真正从风景园林专业的视角，系统构建了风景园林设计初步的理论与教学体系；简明地介绍了立体造型相关的理论知识，并配合大量图片进行说明，强化理解，将抽象的立体构成与具象的风景园林实例相结合，使理论自然地融入到设计中；其中所列举的实验作品多出自学生之手，更加贴近读者的实际情况，易于理解，产生共鸣。

　　在此，我衷心地感谢作者的创新工作与艰辛努力，衷心希望这本教材能够为风景园林专业教育发挥出积极的作用。

李　雄

2010年5月

前 言

"造型基础"课程是风景园林、城市规划和园林等专业的专业基础课,主要内容包括平面构成、立体构成和色彩构成。随着风景园林等专业领域的扩展和知识结构的细化,教学内容也相应改革。但是,目前市场上与"造型基础"课程相关的教材大都难以系统地、科学地反映教学改革要求。本套教材基于风景园林专业学习"造型基础"课程的具体实践,把设计与基础教育紧密联系起来,并结合近期的学生优秀作品进行解析和论证。

本教材包括8章内容,前5章通过对面、块、线立体构成空间的捕捉与组织,系统地介绍了立体构成的基础知识、面的立体构成与风景园林设计、块的立体构成与风景园林设计、线的立体构成与风景园林设计和空间构成,完成从平面到立体空间的思维转换,逐步引入风景园林设计中立体造型和空间构成的想象与创造,其中以课题实验促使理论与实践完美结合。后3章强调了综合运用能力的解析原则及训练方法,通过对综合立体构成与风景园林设计、模型制作——向大师学习、泥塑实验与艺术化地形设计的学习,对设计大师优秀作品的造型进行分析、抽象、解构、模仿和综合运用,并以泥塑实验作为一种风景园林设计的推敲及表达方式进行案例分析,进一步强调空间造型的思维模式及运用能力在设计中的重要性。

本教材伴随着我的孩子的出生而诞生。在此,要真诚地感谢北京林业大学园林学院李雄院长及学院领导和老师的支持和帮助。感谢杨东、张玉军等同行在我教学困惑时所给予的帮助与支持。感谢黄炜、刘毅伟等亲朋好友对教材资料的收集及编写提供的帮助,感谢在教学中提出意见和建议的学生,为完成本书,他们提供了很好的案例及样本。

由于时间仓促,经验不足,疏漏之处在所难免,敬请各位专家、读者批评指正,提出宝贵意见,使本套教材尽早完善。

刘毅娟
2010年1月

目 录

第1章　立体构成的基础知识
1.1　立体构成的概念　2
1.2　从平面到立体的观念转换　4
1.2.1　平面布局
1.2.2　面的移动产生体
1.3　立体构成的相关概念　6
1.3.1　立体构成的基本要素
1.3.2　立体构成的空间维度
1.3.3　立体构成的虚实关系
1.3.4　立体构成的重心
1.3.5　立体构成的空间轮廓
1.3.6　立体构成的立体感觉
1.4　立体构成的发展概况　11
1.4.1　绘画艺术对立体构成发展的启示
1.4.2　雕塑艺术对立体构成发展的启示
1.4.3　建筑对立体构成发展的启示
1.4.4　立体构成的产生
1.4.5　立体构成在我国的现状与趋势
1.5　立体造型与空间构成的材料与加工方法　14
1.5.1　材料
1.5.2　加工方法
1.6　制作模型的意义　17
1.6.1　草模
1.6.2　工作模型
1.6.3　正式模型
1.6.4　制作模型的表现效果在设计作品展示中的作用

第2章　面的立体构成与风景园林设计
2.1　从二维到三维的面　22
2.1.1　面到体的表情转换
2.1.2　三维面的形成
2.2　三维面的构成规律　35
2.2.1　单体面的构成规律
2.2.2　单元面的构成规律
2.2.3　面的综合构成之联想
2.3　面的综合构成实验　46
2.3.1　实验1：三维面的形成
2.3.2　实验2：面的综合构成
2.3.3　作品欣赏

第3章　块的立体构成与风景园林设计
3.1　单体块的构成规律　56
3.1.1　基本形体的变形
3.1.2　基本形体的加减
3.1.3　基本形体的分割
3.2　摆布体块关系　61
3.2.1　方体
3.2.2　曲面体
3.2.3　方块体与曲面体
3.3　块的组合构成规律　64
3.3.1　角块的组合
3.3.2　方块的组合
3.3.3　球体的组合
3.4　块的综合构成　68
3.5　块的综合构成实验　69
3.5.1　实验3：摆布方块体
3.5.2　实验4：摆布曲面体
3.5.3　实验5：块的综合构成

第4章 线的立体构成与风景园林设计

4.1 线的种类 75
- 4.1.1 线的形态分类
- 4.1.2 粗线的造型分类
- 4.1.3 线的质感分类
- 4.1.4 线的形成方法

4.2 单体线的构成 77
- 4.2.1 基本线型
- 4.2.2 基本线型的制作
- 4.2.3 单体线的构成在风景园林中的应用

4.3 线的构成规律 78
- 4.3.1 3种构造
- 4.3.2 4种组合

4.4 线的综合构成之联想 85

4.5 线的综合构成实验 85
- 4.5.1 实验6：空间中的线条
- 4.5.2 实验7：线的综合构成

第5章 空间构成

5.1 空间构成的基本要素 89
- 5.1.1 空间限定的要素
- 5.1.2 空间限定的形式
- 5.1.3 空间限定的条件
- 5.1.4 空间限定的程度

5.2 内空间构成 94
- 5.2.1 内空间的基本类型
- 5.2.2 内空间的分隔
- 5.2.3 内空间的组合
- 5.2.4 内空间构成的艺术法则

5.3 外空间构成 97
- 5.3.1 外空间的基本类型
- 5.3.2 外空间的动线
- 5.3.3 外空间的组合
- 5.3.4 外空间的组合链接
- 5.3.5 外空间构成的艺术法则

5.4 空间设计的构成实验 102
- 5.4.1 空间创作的大致流程
- 5.4.2 优秀作品展示

第6章 综合立体构成与风景园林设计

6.1 综合立体构成的解析原则与方法 107
- 6.1.1 明确目标
- 6.1.2 解析造型
- 6.1.3 吻合主题
- 6.1.4 满足视觉心理

6.2 实验8：综合立体构成 109

6.3 实验9：向建筑大师学习综合立体空间构成 112

6.4 综合立体构成在风景园林中的应用 116

第7章 模型制作——向大师学习

7.1 大地艺术模型制作 119

7.2 建筑模型制作 119

7.3 风景·园林·景观模型制作 127

第8章 泥塑实验与艺术化地形设计

8.1 泥塑实验与艺术化地形 130
- 8.1.1 泥塑实验
- 8.1.2 艺术化地形
- 8.1.3 泥塑实验与艺术化地形设计的关系

8.2 泥塑实验案例 132
- 8.2.1 案例1：青岛电影学院的景观设计
- 8.2.2 案例2：唐山地震公园竞赛方案
- 8.2.3 案例3：红东方社区的景观设计

参考文献

第1章 立体构成的基础知识

- 立体构成的概念
- 从平面到立体的观念转换
- 立体构成的相关概念
- 立体构成的发展概况
- 立体造型与空间构成的材料与加工方法
- 制作模型的意义

世界是立体的、多元的、多维度的。平面构成让我们用抽象、概括的视角来看待事物，而立体构成是造型的目标，将通过立体造型的训练和在立体空间中的构成，进一步加深对物质世界的认知和理解，并且从中找到其组织规律，培养观察和综合评判事物的能力，训练掌握解决问题的方法，从而取得主观认识与客观规律在一定程度上的平衡。

为了更好进行立体构成的训练，以立体造型与空间构成的基础知识入手，通过二维的面导入三维的面，引导造型思维模式的转变，然后通过面、块、线和空间等构成的捕捉与组织，逐步引入立体造型和空间构成的想象与创造。

1.1 立体构成的概念

在阳光下我们忽然发现地面上有一个圆形的影子掠过，它会是什么的影子呢？一个投掷到空中的篮球，或者一顶被风吹起的草帽？（图1-1）……这个圆形的剪影反映的只是从某一个角度看到的物体，不能表示一个肯定的立体形。再举个简单的例子：对犯罪嫌疑人的记录，通常会采用前后左右4个角度进行照片存档，目的是更全面地记录犯罪嫌疑人的形态（图1-2）。

图1-1 圆形的影子

平面的思维模式是二维的，就像剪影和投影，具有形状。而立体的思维模式则是多维的，可以通过全方位的二维形态进行表述。立体形体占有空间的体积主要有两种表现形式：一是物质的量，称为体量；二是空虚的容积，称为空间。现代造型很讲究对体量和空间的利用。

观者视点的变化和光影的变化对立体形态或空间也起着重要的作用。当观者的位置变化时物体将呈现不同的形状。苏轼在《题西林壁》中这样描写庐山的风景："横看成岭侧成峰，远近高低各不同。"描绘庐山自然景观神奇万象，随观者视角的变化，给人移步换景的享受（图1-3）。

图1-2 通缉犯

光影的变化对立体与空间造型的量感与空间感的知觉也起很大作用。在立体造型和空间构成的学习中，光影的形象往往影响着作品的训练及创作，同时也是评判作品的衡量标准之一（图1-4）。另外，立体造型立于空间之中，要符合物理学重心规律和结构秩序；而材料与加工工艺的体验可以进一步开拓造型的可能性。

立体是多维度的空间造型，它受限于空间的维度、体量的制约、视角的变化、光影的影响等。它具备二维平面的构成规律，又区别于二维平面的构成法则。它是基于立体形态的基础之上，对立体空间形态进行科学解剖，研究如何将立体形态按一定原则重新组合，创造出具有形式美感的立体造型。

第 1 章　立体构成的基础知识

图1-3　庐山

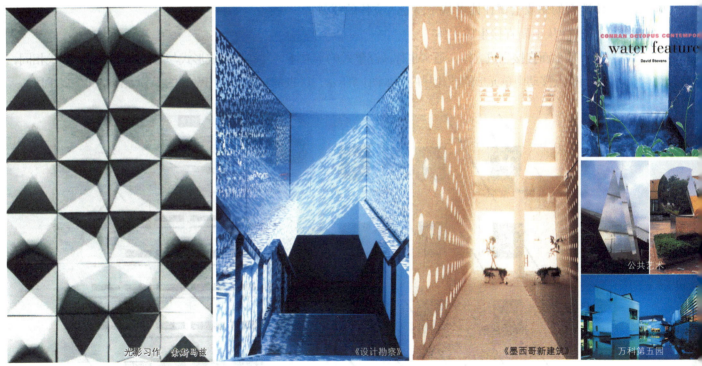

图1-4　光的作用

　　总之，立体构成是以一定的材料，以视觉为基础，以力学为依据，将造型要素按一定的构成原则，组合成美好的形体。它是研究立体造型及空间构成的法则，其任务是揭示立体造型的基本规律，阐明立体设计的基本原理。

1.2 从平面到立体的观念转换

平面与立体虽然存在很大的区别,但它们之间又是一脉相承的关系。平面可以通过多个展开平面图进行描述立体造型,表达立体造型的平面与立体造型的空间转换和延展对于本专业的学习是非常重要的。比如,在设计构思时,需要用平面的思维进行抽象的概念分析;在设计表达中,要用平面的形式把空间造型中的各个面表达出来;在建造时,先要通过对平面化的图纸进行理解,再把平面的信息建造成三维的立体空间造型。也就是说,平面是空间思维中的一种表达方式,也是人们在空间活动的基础;而立体造型是具体的表现形式,为人们提供真实活动空间的体验。

1.2.1 平面布局

进入立体造型训练之前,平面布局是非常重要的一个环节,它是立体造型的抽象表达方式或一种设想,由于它高度抽象和形态简洁,有利于进行设计意图的表达和推敲。首先,平面是立体造型的抽象表达或片状表述,所以,不能僵化地看待平面化的图形。再次,一张立体造型的平面是向四面八方延展的,比如,其支撑部分的主次分布及动势关系要讲究其平面上的均衡。下面通过一些立体造型的想象尝试让读者从平面走入立体的思维。

(1) 从平面直接生成立体

从平面直接生成立体,通常也称浅浮雕式的半立体。其立体构成形式与平面图形的构成形式相同,强调视点移动中单元形的彼此呼应。如图1-5所示,这也是专业设计中常用的一种立体空间生成手段。

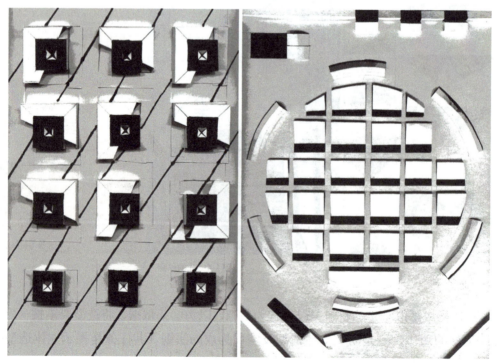

图1-5 从平面直接生成立体

第 1 章 立体构成的基础知识

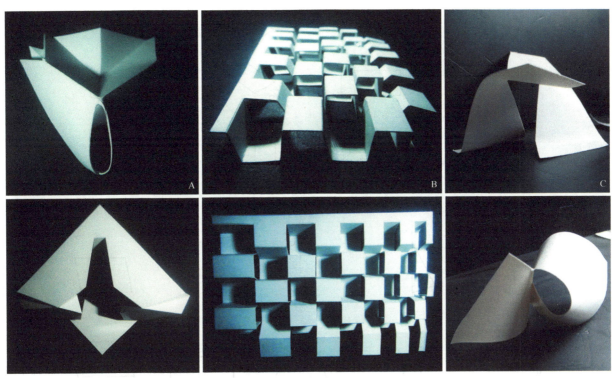

图1-6 从平面中展开构成立体

(2) 从平面中展开构成立体

从平面中展开构成立体，是在平面图形的基础上通过切割、折叠、弯曲、重组，使之产生三维的立体造型。这时，平面只是立体造型的一种片面表达，然而立体造型又能恢复成一张平面图，但必须注意正形与负形之间的呼应关系。

如图1-6所示，图A为空间造型，图B为空间秩序，图C为空间流动等。

(3) 从平面中延展想象立体

从平面中延展想象立体，是根据投影的原理展开想象。平面表象是根据立体造型的特征以及这个物体的各个部分与其对应表面所处的位置关系而定的。比如，平面上的投影点，可能是一个点，也可能是一条垂直线；平面上的投影线，可能是一个垂直面；平面上的一个投影面，可能是一个面，也可能是一块实体；平面上的多个组合投影面，在三维上必定是三维的立体造型。因此，平面上的图形可以想象出各种造型的立体模型或空间造型，如图1-7所示，其延展出的立体形式丰富多彩，可强调垂直面的变化，也可突出水平面的变化，或两者综合变化，突出交结点的变化。

1.2.2 面的移动产生体

根据几何形的定义，体是面移动的轨迹。如一个面沿着轴心做圆弧形移动，或沿着某个面做平行移动，或沿着某个轨迹做轨迹移动等，都可以产生体，如图1-8所示。

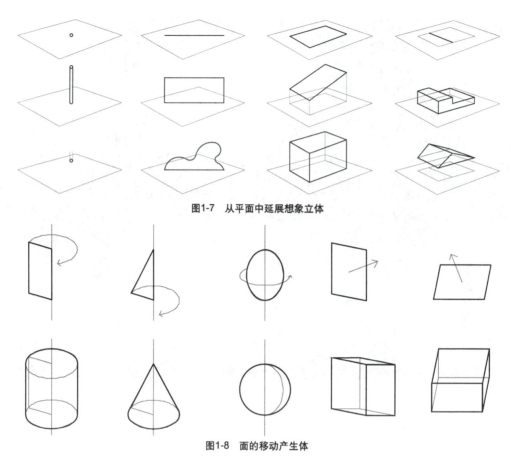

图1-7 从平面中延展想象立体

图1-8 面的移动产生体

1.3 立体构成的相关概念

1.3.1 立体构成的基本要素

立体构成的基本要素可概括为面体、块体、线体。面体，以面为主组织造型，其高度或厚度相对较小，比如花瓣、叶片等；块体，其长宽高比例比较接近，如团型动物或球状植物；线体，其长度远远超过它的宽和高，比如线型动植物或光、气体、液体所形成的线体轨迹（图1-9）。

1.3.2 立体构成的空间维度

立体造型和空间构成的感知，需要通过多个视点和多种角度进行，任何一个面都不能充分地表现物象。

人们常习惯用维度来表示空间，用零维表示只有位置的空间"点"；用一维表示只有长度的空间"线"；用二维表示有长宽无厚度的"平面形"；用二点五维表示介于二维与三维之间的维度空间造型，如浮雕、围挡的屏风等；用三维表示有长宽高的空间"立体形"，不论实体(实际空间)与虚体(虚拟空间)；用四维表示运动空间；用五维表示时间概念。自然生活中的景象，是多维度空间，是各种维度空间的组合。如在园林景观中，线化的水似一维的水线，水面似二维的平面，树群是三维的世界，跌水、空气和云雾流动似四维的运动空间，光影的变化似五维的时间变化（图1-10）。

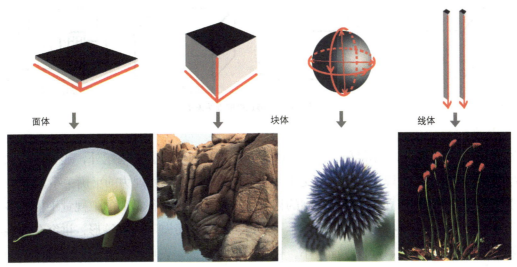

图1-9 面体、块体、线体的概念形态

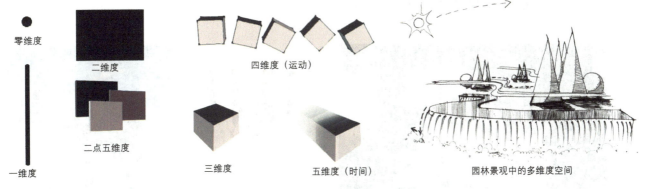

图1-10 立体造型的空间维度

1.3.3 立体构成的虚实关系

立体造型存在于空间中,正是由于立体造型的存在,我们感知空间的存在。诚如老子在《道德经》中所说:"三十辐共一毂,当其无,有车之用。埏埴以为器,当其无,有器之用。凿户牖以为室,当其无,有室之用。故有之为利,无之为用。"也就是说,捏土造器,其器的本质也不再是土,在它当中产生了"无"的空间。

由此,我们有实体与虚体的概念。实体,顾名思义,为确实存在的、占据空间的物体;虚体,则与实体相对而言,指被实体占据以外的虚体空间。灰空间则是介于实体与虚体之间的过渡性空间。来用双手做个实验:双手握拳,它们是占据空间的实体;双手做一个捧的动作,手捧出的碗型的空间就是虚体;手指张开,则在指缝间形成灰空间。

实体与虚体是相互依存而存在的,共同构成各种立体形态。实心的物体是被虚体完全包围的实体,如石块。空心的物体内部为全封闭的空间,形成实体包围下的虚体,如建筑物的内部。半封闭的空间则介于两种情况之间,既有封闭性又存在局部的流通,如三面环绕的围墙。我们还可以在实体上打出穿透的虚体孔洞,比如在围墙上开凿空窗(图1-11)。

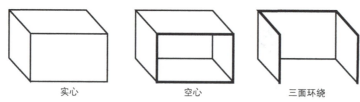

实心　　　空心　　　三面环绕　　　虚体孔洞

图1-11　立体造型的虚实关系

1.3.4　立体构成的重心

立体造型必须立得住、站得稳。因此，除了考虑其材料和工艺的问题外，还要符合重心规律，这就需要遵守其物理力的规律，如考虑支撑点、支撑面、重心等物理力的平衡关系。

另外，视觉平衡感在立体构成中起到的视觉重心平衡感也是很重要的。视觉平衡更多侧重于视觉平衡和心理平衡，其规律是等形等质但不一定等量，或等量却不一定等形，讲究在动感中求视觉的平衡。如"马踏飞燕"，其支撑面很小，视觉延展面很宽，表现出敏锐的平衡感和力动感；再如高脚杯的支撑面很小，但视觉重心较高，表现出秀美、挺拔的力度感；又如在一些景观小品的处理上，也很讲究其整体视觉的平衡感（图1-12）。

图1-12　立体构成的重心

1.3.5　立体构成的空间轮廓

一切事物都存在于三维的立体空间中，充满空间透视，展现给人们的是立体造型的空间轮廓。比如，观察运动中老虎的形象，如果在逆光的状态下，看到的只是剪影的轮廓形象，只能片状地了解其特征；但如果从全方位的视角观察，动物老虎的立体轮廓就显得生动而丰富。

纵观立体造型，但凡美好的空间轮廓都具有以下特征：

①立体的各个面需有共性特征，应有主次关系，如果一味相同或截然不同，不符合人在立体空间中持续观察的心理需求；

②立体形态需要明确的视觉高点或视觉焦点，以便于人们迅速抓住立体形态的特征；

③立体构图的原则是偏重三维空间内的均衡，即立体造型各个面应该具有连续的、变化的和统一的特征。

图1-13　华盛顿国家美术馆东馆

接下去，以贝聿铭先生的作品华盛顿国家美术馆东馆（Eastwing of National Gallery, Washington D.C.）为例，作为对空间轮廓的进一步理解（图1-13）。

华盛顿国家美术馆东馆是一幢充满现代风格的三角形建筑，位于一块3.64hm²的梯形地段上，贝聿铭用一条对角线把梯形分成两个三角形。西北部面积较大，是等腰三角形，底边朝西馆，以这部分作展览馆。3个角上突起断面为平行四边形的四棱柱体。东南部是直角三角形，为研究中心和行政管理机构用房。对角线上筑实墙，两部分只在第四层相通。这种划分使两大部分在体形上有明显的区别，但整个建筑又不失为一个整体。

1.3.6　立体构成的立体感觉

人类在感受空间时，是以人类视角、尺度和心理判断具体的物理空间。如物体所占有的空间尺度、物体的重力感和生长运动的空间感，这就是立体感觉。从立体感觉可扩展出立体空间的知觉，如哪些空间是紧张压抑的，哪些空间是舒展清新的，哪些空间是积极的，哪些空间是消极的，哪些空间能产生人们的想象和思维的延伸等，它是心理和生理的综合感受的结果。

但这些感觉并不是人人都能感受到的，需要经过特殊的训练。实践已经证明：感觉到的东西不一定能立刻理解、把握，只有理解了的东西才能深刻地感觉、把握，进而创造。所以，训练有素的立体感觉对于欣赏和创造都是至关重要的。

（1）量感

立体造型有一个很重要的特征——量感，而这个"量"的感知，需要物理量和心理量的共同感知。物理量与大小、多少、轻重、虚实有关，而心理量是要靠心理、视觉和经验的共同感知。就如人们很容易判断同等重量的棉花和钢铁之间的物理量；但在造型作品中却很难快速地判断它所具有的"分量"，而要依赖于对作品的内力、结构、张力、色彩、形式、笔触等的综合判断。

造型作品中，内力的运动变化是判断量感的要点之一，如位移、变形、变质或内在的生命力

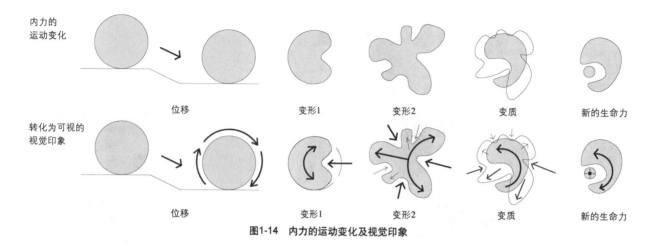

图1-14　内力的运动变化及视觉印象

等，它构成具象形态抽象化的关键，也是艺术造型创造的关键。而艺术造型活动常需要把这种内力通过抽象的力转化成可视形象（图1-14）。

艺术造型活动经常从自然界生物生长的运动内力中获取灵感。但由于自然界生物的种类繁多，生长形式也是多种多样，这里举几个例子：

生物内在的生长感、孕育感或再生感；生物生存的抗争力；生物的动态或动势；生物成长的连续性的整体感；……

(2) 尺度感

尺度不等于尺寸。尺寸是造型物的实际大小；尺度是造型物及其局部的大小，同本身用途以及与周边环境特点相适应的程度。

面对立体造型作品，在感受造型与局部的大小时，直觉在判断它的尺度感。而这种尺度感是造型物在空间中占有一定数量、长度和体积的属性在人脑中的反映，要借助于视觉、触觉和动觉的综合判断。

尺度感的感知大致有3条线索：

①当人与大小不同的物体等距时，造型的大小被人的视像如实地感知。

②当物与人的距离远近不同时，将出现3种情况：同一物近大远小；远处大物体与近处的小物体一致；远处大物体小于近处小物体。

③尺度感还与造型物及观察者的观察方式、所处的位置和距离有关，而这种感觉取决于人对周边环境尺度的熟悉度，这种感知能提示造型物的距离及实际尺度，但水平方向的肉眼观察距离不能超过30m，否则不能准确把握造型物的尺寸。

尺度感的感知还依赖于以下3个方面：

①尺度标志　因为一切设计活动都是围绕人类的活动展开的，所以，人类的平均尺寸就是衡量造型尺度的标志，如果改变了与人类眼睛所习惯或容易理解的造型形式，就会扭曲或曲解造型的尺度感。

②内空间与外空间的尺度感　同样的造型物在内空间尺度感比外空间显得大一些。这是因为外空间的对比物较大，视野较为开阔。根据实践经验，一般同样形态的造型物要想在内外空间取得近

似的尺度感，需要改变造型物的尺度比例，一般外空间为内空间的8～10倍。

③尺度印象　一般尺度印象可分为普通的尺度、超人的尺度和亲切的尺度。普通的尺度是以人类的平均尺寸为基准，给观者正常的视角和尺度感；超人的尺度指尺度给人超大的感觉，就像小孩看大人的世界；亲切的尺度则是量体裁衣，根据具体使用者的尺寸进行尺度比例的控制，比如日本人用的轿车就不太适用欧美人。

当然，具体的尺度感知需要大量的试验和经验的积累。

(3) 空间感

空间感是一种潜在的连续的运动感，是人们对形态所具有的主与次、虚与实、近与深、充实与空荡、心理与生理、情感与知觉等变化的综合感知。空间感大致分为物理空间和心理空间。

①物理空间　是物质实体所包围的、可测量的空间。物理空间是相对于人类的行为活动而言的，也可以说它反映了人类对空间的不同生理需求。勒·柯布西耶建立的人体模数体系，是以人体基本尺度为标准建立起来的，这为建立有秩序的、舒适的环境提供了一定的理论依据，更好地满足了人对使用功能中对空间、物品体积、各种把手高度等的生理要求。

②心理空间　是由物理空间的位置、大小、尺度、形态、色彩、材质和肌理等视觉要素所引发的理想空间感受。一般来说，心理的要求是通过环境品质、空间造型、空间尺度的感觉得到的。而这些要素将作用于心理，让人感受到如明亮、淡雅、柔和或压抑、沉闷、硬冷等不同的心理空间感觉。影响心理空间的因素主要有以下3个方面：

行为尺度　什么样的行为将需要什么样空间，如果与之不配，就会给人带来不舒服的心理感受。如睡觉时只需要一张床的空间尺度即可，在与人交谈时希望在半封闭的小空间进行，而在奔跑游戏时，则希望在宽阔、平坦的土地上。反之，人的心理将会感到空荡、孤立或压抑。

视觉移动　空间中视觉焦点的转移，将影响视觉移动，从而带来不同的心理空间。如动势、动态的运动方向，色彩的深浅与明暗的过渡等。

思维或想象　通过联想、想象，能够使有限的形体扩展成无限的空间，如小盆景中能见高山大川。形体被有意地制成悬念，诱发了想象。

1.4　立体构成的发展概况

立体构成作为一门课程最早出现于1919年的包豪斯学院。但它的发展完善与绘画、雕塑、建筑、技术等的发展密切相关。20世纪初的立体主义、构成主义、未来主义、达达主义、动态艺术、极少艺术、大地艺术等艺术流派，都影响着立体构成的发展。

1.4.1　绘画艺术对立体构成发展的启示

塞尚认为，"要用圆柱体、圆球体、圆锥体来表现自然"，要从多个面对所要表现的对象进行呈现。在这种观念基础上，产生了以毕加索、布拉克等艺术家为代表的"多角度"、"拼贴式"的立体主义绘画风格。

立体主义的第一件代表作品是毕加索在1907年创作的《亚威农少女》；而第一次以"立体主

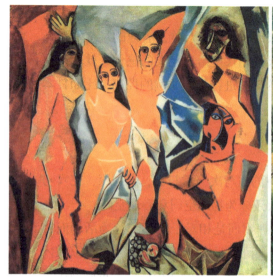  

《亚威农少女》毕加索　　　　　　　　《埃斯塔克的房子》布拉克　　　　　　　《走下楼梯的女人》杜尚

图1-15　绘画艺术对立体构成发展的启示

义"这一名称出现的则是布拉克1908年作品《埃斯塔克的房子》，他将一切事物都简缩在几何图形和立体之中；把运动引入到立体主义绘画中的主要代表为杜尚的《走下楼梯的女人》，在平面上表现动作过程，打破了二维空间的局限（图1-15）。

绘画艺术家们在进行立体主义绘画的创作之前，会先用各种材质的实物在立体空间中进行造型实践，从而对多角度观察对象的思维方式有了更深的体验，也推动了雕塑的发展。

1.4.2　雕塑艺术对立体构成发展的启示

在雕塑艺术的抽象化发展进程中，也促进了立体构成的发展，阿基本科（Archipenko）、布朗库西（Constantin Brancusi）、波丘尼（Umberto Boccioni）都是极有影响力的人物。

立体主义的代表艺术家阿基本科颠覆了"雕塑为被空间环绕的实体"这一概念，在雕塑作品上塑造出透空形状，创造出与实体相对的"虚体"空间，代表作品为1912年创作的《行走的女人》（图1-16）。阿基本科还将立体主义的拼贴方式应用到雕塑上，为雕塑构成开辟了新天地。

布朗库西被公认为是20世纪最具原创性的雕塑家，现代主义雕塑的先驱者。他在造型与材质方面的探索，为后来的许多艺术家提供重要启示。布朗库西的抽象雕塑代表作有1913年创作的《波嘉尼小姐》系列之一和1922年创造的《空中飞鸟》。《空中飞鸟》的雕塑上端尖、下端柔和而有韧性，比例和谐，线条优美，有轻盈向上的趋势，跳出了鸟的概念形象而仅表现飞翔本身。其中以吻为主题的系列作品，将具象形抽象为几何形，再进一步抽象到"只剩下眼睛的记忆"，我们可以感受到雕塑的抽象发展（图1-16）。

未来主义的杰出艺术家波丘尼把运动的概念引入雕塑，使雕塑具有了四维空间，在1913年创造的青铜雕塑《空间连续的独特形体》中描述的是一个昂首阔步正在行走的人，动感十足，展现出在时间这一维度上的连续变化（图1-16右）。波丘尼寻求"绝对和完全废除确定的线条和不要精密刻

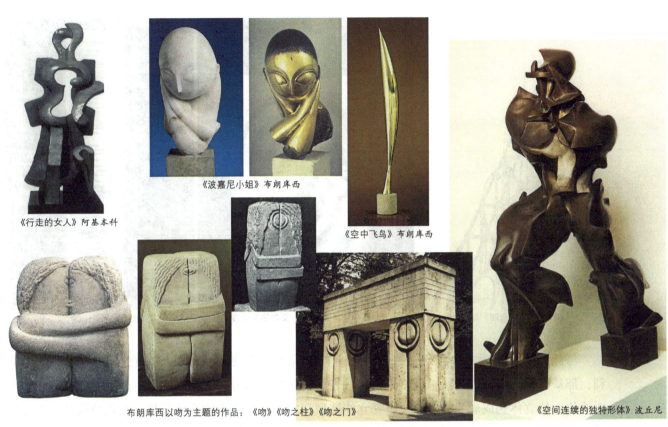

图1-16 雕塑艺术对立体构成发展的启示

画的雕塑","要把人物打开,将其纳入环境之中",即雕塑家应该有权力把雕像的形式支解和变形。波丘尼还认为,雕塑家可以采用各种需要的材料来进行创作,甚至进一步提出,可以使用发动机让某些线或平面运动起来。虽然英年早逝的波丘尼未能把材料多样化等理论在自己的作品中进行实践,但这些在后来的构成主义和达达主义中都成为了现实。

1.4.3 建筑对立体构成发展的启示

20世纪初,大量的建筑需求推动了建筑技术和各种新材料的开发,各种性能的钢筋、混凝土、玻璃、混合材料不断出现,为新建筑的建造提供了多种可能。这些变化不仅影响了城市的面貌、人们的生活方式和思维观念,也对艺术创作产生了很大的影响。从工艺美术运动、新艺术运动,到各种艺术流派的发展,都促进了建筑与技术的进一步革新,为构成的发展奠定了内在的思想基础和物质基础。

1.4.4 立体构成的产生

俄国构成主义的奠基人之一塔特林,受到毕加索等立体主义艺术家的立体造型实验的启发,开始进行"构成"艺术的实践。1920年,塔特林设计的《第三国际纪念碑》成为构成主义的宣言式作品(图1-17),作品用金属材质的直线和螺旋曲线,倾斜环绕着玻璃质地的方块和椎体构成的抽象形态,表现的是革命运动的发展。

图1-17 《第三国际纪念碑》塔特林

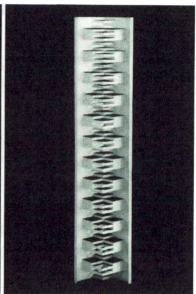
图1-18 艾尔伯斯讲授的初步课程的习作（折纸作品）

与此同时，构成主义思想在德国的包豪斯学院得到发展，在校长格罗庇乌斯、教师保罗·克利、那基等的支持下，荷兰"风格派"的代表人杜斯伯格的努力促使构成课占据了包豪斯教学的主要地位，使立体构成成为一门专业研究立体造型和空间形态关系的系统学科，为建筑设计、工业设计等的发展奠定了基础（图1-18），并一直影响到全世界的设计院校。

1.4.5　立体构成在我国的现状与趋势

随着时代的发展，立体构成课程从包豪斯基础教学中分离出来，经过模仿、借鉴、融合、开拓到今天，逐渐形成比较成熟的教学模式，成为我国设计基础教学的主要内容之一，涉及风景园林、环境艺术、建筑艺术、工业造型等学科。课程的内容大都通过立体形态来认识立体的空间世界，并扩展到研究创造满足某一类人群需要的特定的立体形态与空间造型关系。

在现代立体造型与空间构成的教学中重视几何形态，"一切作品都要尽量简化为最简单的几何图形"，那是因为高度概括有助于进行造型的分析、解剖和研究，最终创造出更为生动的立体造型和空间构成。另外，自然形态的造型关系提供了取之不尽的设计源泉，除学习立体造型与空间构成基础的知识外，还要很好地利用自然这位伟大的艺术家带来的启示，使我们创作的造型和空间更为生动而亲切。

1.5　立体造型与空间构成的材料与加工方法

1.5.1　材料

在立体造型中，对材料的研究与使用非常重要。材料的种类很多，各种材料的材质、性能、形状会给人的视觉心理产生不同的感受。

材料的构成可唤起时代的联想，如石器时代、青铜器时代、钢铁时代、塑料时代与合金时代。

随着科学技术的发展，新的材料还在不断出现，丰富的材料也带来了丰富的信息，使材料的构成具有造型的生命力。既可在构思计划后去寻找符合需求的材料，也可先有材料的灵感，再进行造型的创作，在玩赏之中得到灵感的升华。尤其是对现成品和废品材料的使用上更是如此。

然而使用材料太多，也并非好事，因为我们的重点是在立体的造型与空间上的训练，因此，宜选用来源便利、价廉，能以手工艺方式进行、工艺相对简单的材料，这类材料总结一下大致分为7类：

(1) 纸材

纸的类型包括灰卡纸、白卡纸、黑卡纸、厚的素描纸、厚纸板、硫酸纸、报纸、瓦楞纸、各种色纸、纤维纸、蜡纸、纸箱、纸板、餐巾纸等。纸材以其众多的种类，较大的可塑性、韧性和安全性，成为构成基础练习中最主要的结构材料。纸材能提高训练效率，激发创造积极性，更便于将立体变为现实，是立体训练的最佳材料。但其缺点是不易长时间保存，易损坏和变形。

(2) 木材

火柴棒、筷子、木条、树枝、荆条、三合板、木片竹签、牙签等都属于木料，在日常生活中经常使用。给人以自然、亲切、随和、朴素的感觉，又具有一定的韧性、弹性和荷载能力，是构成中主要的应用材料之一。

(3) 金属

金属管、金属线、金属网、金属板、铁丝、电线、图钉等都属于金属材料。金属质地坚硬，在表现坚毅、科技、冷酷、新锐、精细的主题时可作为参考。同时金属自身具有韧性、荷载性、弹性，所以在构成的训练中也应用较广。

(4) 泥土

石膏、油泥、陶土、橡皮泥、泥沙、雕塑泥等泥土质感的材料，具有很强的可塑性，有助于推敲有机形和异形的结构关系，因此，在高级造型和风景园林模型制作的训练中应用比较广泛。

(5) 塑料

泡沫塑料、苯板、塑料管、尼龙丝、塑料瓶、塑料薄膜、气球等都有较强的现代感，颜色多变，质地性能多样，具有较强的弹性及可塑性，而且在日常生活可回收的垃圾中较多见，还可培养"变废为宝"的生活习惯和思维角度。

(6) 废旧材料

废旧材料指现代工业中的各种垃圾，如包装盒袋，各种瓶罐，竹、木、布、绳、碎玻璃、塑料的边角料及废五金材料、废机器零件等。除此之外，还指各种废弃的轻工业产品、生活用品和现成品。然而，就是这些垃圾，却成为立体构成、雕塑装置中的"宝贝"，成为后现代艺术里的经典"垃圾文化"。因为，各种垃圾的形态结构、材料肌理和视觉语言都能触发人们创作的动机和灵感，所以，在学习这门课程时，首先要到废品收购站或钢铁工厂去，寻找材料，寻找灵感。有了这些废旧材料，通过"相面法"，创作构思也就随即而来。

(7) 其他

另外还有一些材料常用在特殊效果、装饰或者辅助的训练中。如玻璃（透明的、磨沙、有色的、有机的、玻璃管等）、织物、易拉罐、米粒、纽扣、瓶盖、羽毛、毛线、水、光、一次性杯子、海绵等。

(8) 连接材料

连接材料是依据主体材料而定的。如乳胶、502胶水、万能胶、双面胶、透明胶等黏性材料。还有订书钉、线、夹子、焊条、铁钉等连接工艺所需材料。

1.5.2 加工方法

立体造型可以有很多的成型方法，如围、堆、搭、切、钻、编、剪、刻、插、搓等。学习者应该熟练掌握简单的技能知识，为创造新的形体而进行新的组合打下扎实的功底。每一种材料可以有多种加工方式，需根据材料的最终使用目的来确定其加工的工艺。对于课程的训练大多为手工制作，其工艺不要过于复杂，否则在一定情况下将影响到制作过程的思考。以下总结几种常见加工方法。

(1) 破坏与解构

破坏与解构是对原材料的初级加工，也称"减法创造"，是利用工具刀、剪刀、锯、电热丝等工具，使用切、锯、剪、割、磨、凿刻、削、热熔等方法，将材料按均等、自由、偶然、形状等要求分开或隔离。为了达到理想的结构，需要针对工具进行大量的试验，以熟练掌握每个技法。

(2) 组合与重建

这是将简单形体或是破坏、拆散后的材料重新连接组合，创造一个新的整体造型。这种手段也称"加法创造"。通过不同的工艺把散落的个体组合成一个整体，连接的加工工艺有粘合、焊接、插接、榫卯、缝合、钉接、搭架、折叠等。粘合与焊接是把两个物体连接起来，似一个物体，主要针对纸张、塑料和金属。插接与榫卯是利用彼此的插口相互支撑作用，形成相对稳定的结构，如传统木器或积木玩具等。缝合和钉接是通过第三者因素连接两个实体。搭架法包括支撑法、双搭法、框架法，是通过棍材、线材、支撑柱或其他连接物将形体相互叠落或组织起来，具有一定的不稳定性，如木拱桥、脚手架。连接的方法还有很多在此不再一一赘述，可以通过对门的观察，对旋转的天线基座等的观察，找到更多的连接加工方法。

(3) 变形与扭曲

这是将规则的实体造型或原材料进行异化变形处理，使单调冷漠的形体变成复杂生动的形态，使平面形态变为曲面、凹凸面的形态，使立体造型更为丰富。

通过改变外部环境来影响、调整和改变材料的形态。如加热、浸泡、敲打、浇注等。如把竹木材料浸泡或熏烤来达到所需的弯度；通过加热来改变塑料制品的形态；通过敲打扭曲金属制品；用水把石膏粉制成浆，通过浇注到模具中，塑造作品等。

(4) 材料的再加工

很多作品在成型之后不能立刻达到效果，需要进行再加工，如添加特殊肌理效果，抛光、上色、点喷漆、刮纹理、贴膜等来达到美化作品的效果。

1.6 制作模型的意义

通过模型，可更真实地感受作品的三度空间，从不同的角度去分析作品的造型、空间及与周围环境的关系。鉴于此，设计师们在设计的不同阶段中就借助模型来酝酿、推敲和完善自己的设计创作。图1-19是1985年吉纳卡·卡斯皮从切块课题作业的练习中选择一组作品进一步地推敲其尺度和质感，然后通过技术和工艺的推敲最终完成的大理石雕塑作品。

图1-19　从切块课题作业到大理石雕塑的演绎过程　吉纳卡·卡斯皮

模型通常有两大用途，即设计创作和成果展示。在设计过程中可进行概念中的模型演练，即常说的草模；当进入方案设计阶段的演绎和深化设计阶段的推敲时，所进行的模型试验叫工作模型；当作品完成后将其成果展示给观众时，也就是设计成果展示阶段，即正式模型，正式模型通常会借助现代技术精确地把设计意图表现出来。

1.6.1　草模

(1) 三维草模的作用

在立体构成基础训练与设计的练习中，所有的体验都始于三维草模的制作。尽己所能制作出尽量多的抽象关系的草模。这些抽象关系表现了局部与整体的关系，而不是反映细节，更不是表现材料。它们反映了对事物的直观视觉感受——形体、空间和运动是如何进行相互"交流"的。

制作草模是一项很好的造型训练手段，有助于探索各种形体的组合以及正负形体的内在关系。通过这种方法可以得到总体张力的关系，这种关系存在于面与体之间或面组与体组之间。同时三维草模能够揭示所有正负形体的比例和形体方向力的平衡，并建立各组成形体之间的互补关系（图1-20）。

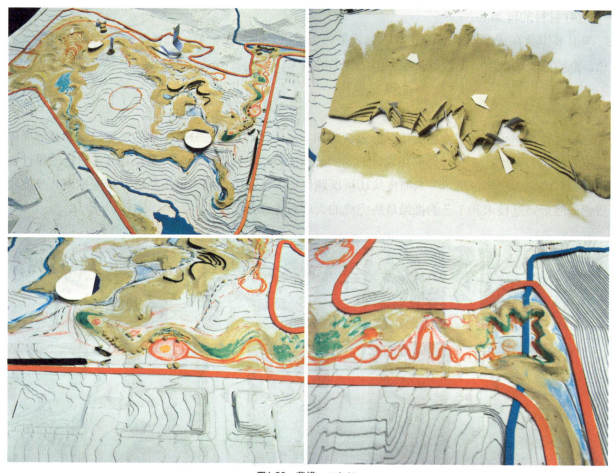

图1-20 草模 刘毅娟

(2) 比例草图的作用

草模的基调定下来后，要通过做一些二维草图进一步推敲比例、尺度和运动力的关系。拿一些废报纸，用炭精条从若干视角画出三维草模，然后站在离草图3m远的地方，进行观察分析，用较宽的线条简约而抽象地画出作品的姿态和外部结构的完整形状。从不同角度观察各个方向的力和整体的形状。这种组成比例草图能够提供探索和改进三维草模的机会。

1.6.2 工作模型

工作模型即前述设计进入方案设计阶段后，用于演绎和深化设计时推敲用的模型。通常它能够及时地把方案设计的内容以立体和空间的方式形象地表现出来，具有更为直观的效果，从而有利于方案的改进和深入。

方案设计和深化设计与制作工作模型可以交替进行、相辅相成；可以从方案的平、立、剖面草图进行，根据草图制作模型；也可以直接从模型开始，利用模型的特点和优点进行方案的构思和比较，然后把重要的形式和数据在图纸上记录下来，进一步推敲平、立、剖面的关系。如此来回地修

图1-21 工作模型 六角工房

改、推敲，最终达到方案的最终完善。

该过程的工作模型尽量选择易于加工和拆改的材料，如卡纸、纸板、聚苯乙烯块等。其制作不用太精细，且易于改动。同时可制作多个模型以进行方案的比较和深化（图1-21）。

1.6.3 正式模型

正式模型是设计成果的最后展示，要求准确地表现方案设计的具体设计内容，具有艺术的表现力和展示效果。具体表现形式很多，大致可归纳为两种：一种是强调造型和空间的关系，只用一种或几种素面材料进行表现，弱化材质、肌理、色彩及繁琐的制作工艺；另一种是以各种实际材料或代用物尽量表达设计的真实效果（图1-22）。

1.6.4 制作模型的表现效果在设计作品展示中的作用

从草模的概念推敲到工作模型的演绎，最终以正式模型反映理想的设计效果的设计过程，可以很清晰地传达设计意义及设计目的，让观者一目了然（图1-23）。

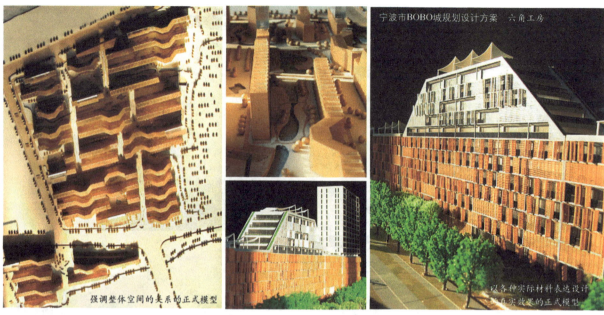

图1-22 正式模型

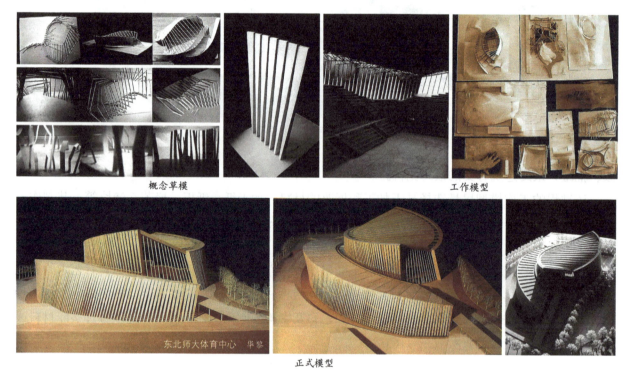

图1-23 制作模型的表现效果在设计作品展示中的作用

第2章 面的立体构成与风景园林设计

面的构成是学习立体构成的第一个阶段，也是从平面向立体过渡的必经之路。这是因为，即使是三维的面，具有高低起伏的变化，但由于它二维的特性较强，观者无论从哪个角度或方向上看，都给人面的特征。所以，需充分了解平面特征，理解和掌握它们在空间产生的相互关系，从而创造出优美的构成。

2.1 从二维到三维的面

2.1.1 面到体的表情转换

曾经风行一时的立体式贺卡，拿到手时是平整的对折的卡片，但打开贺卡，即生成立体的景物，内容生动、层次丰富（图2-1）。

拿出一张A4纸平铺在桌面上，它是一个平面。当掀起一角或卷起一边，即呈现出立体的形态（图2-2）。

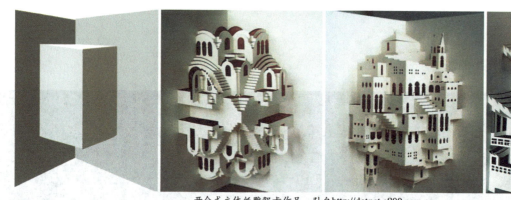

开合式立体纸雕贺卡作品，引自http://dotnet.e800.com.cn
图2-1 开合式立体纸雕贺卡设计作品

图2-2 一张纸片

把A4纸分成8片，然后进行一下简单的折叠试验，弧线折叠改变了纸片的空间，产生起翘，形成弧形的方向和均衡的力场；直线对折改变空间的维度，方向发生改变，但是力场相对较弱；把纸片沿铅笔转圈，然后松手，即能获得优美的螺旋曲线（图2-3）……继续按这种感觉做下去，将会感到纸片通过创作发挥着神奇的力量，引人进入无限的构造想象。如联想到林璎设计的美国越战纪念碑（图2-4）或其他优秀作品（图2-5）。

第2章 面的立体构成与风景园林设计

图2-3 纸折叠构成的方向和力场

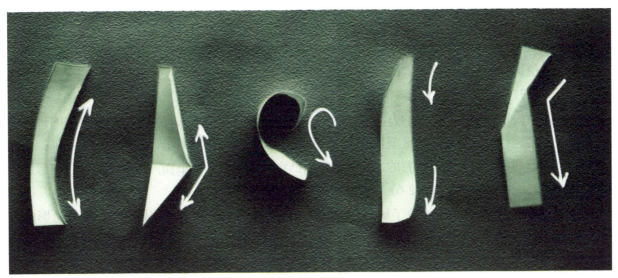

图2-4 美国越战纪念碑 林璎

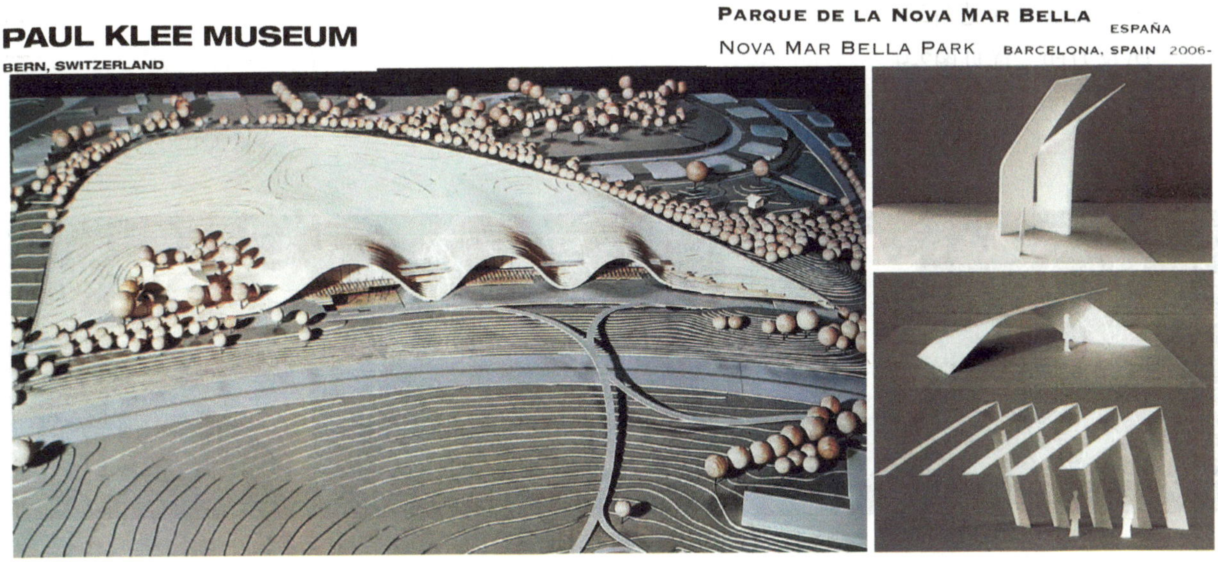

图2-5 纸折之设计联想

23

2.1.2 三维面的形成

三维面的形成有许多的途径，如叠加、折叠、剪切、编织、拼合等多种方式，这些方式的训练有助于对研究三维面形态和感悟空间。特别是在制作过程中的空间联想，更有助于三维造型的学习。为了方便训练，此阶段练习大部分采用薄白卡纸，尺寸为10cm×10cm。

(1) 从无切口折叠开始

折纸是最简单的形成三维面的方法，利用纸面的平面空间和四边的伸缩面，感受材质的折曲极限和最大幅度。首先把设计好的造型投影图在纸面设线，用刀轻轻地划出，只破坏表面纤维，不把纸划破，划痕与折面的方向是相背的，然后进行凹凸空间的折叠，使纸面产生纵深空间，使形态层次丰富、空间光影效果显著（图2-6）。

通过以上的训练，可简单地了解折纸的技巧，在实验的过程中体会体量的变化、光影的变化、造型的变化，尽量扩展纸面的纵深空间，并根据形体构思进行一些图案式和造型式的折纸实验（图2-7）。

(2) 以面的切口展开

借助刀对纸片进行切割，产生切口，使纸片具有透空性，从而获得更多的可折叠边，大大增加纸片的变化空间。若加上折叠和弯曲的手段，还会形成非常丰富的空间效果。

对纸片进行切割、折叠和翻转，实际上是改变空间关系，使二维空间转变为三维空间，并使两个隔离空间有着沟通和联系。切割使实体和虚体联合成为一个整体。

从切线的路径上可以分为直线、曲线、斜线、折线以及综合切割等种类；从切割形状上可分为横切口、竖切口、角切口、中心切口、圆弧切口；从切口的数量上可分为单刀切、双刀切或多刀切等；从切割线的长短来看，其长度可决定三维面的突起程度。下面进一步来说明切、折的形式魅力。

① 单刀切　详见图2-8。
② 双刀切　详见图2-9。
③ 多刀切　详见图2-10。

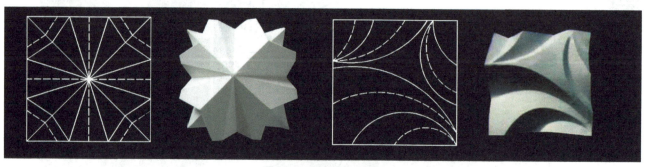

图2-6　折纸投影图与作品

图2-7 无切口折叠

图2-8 单刀切的构成

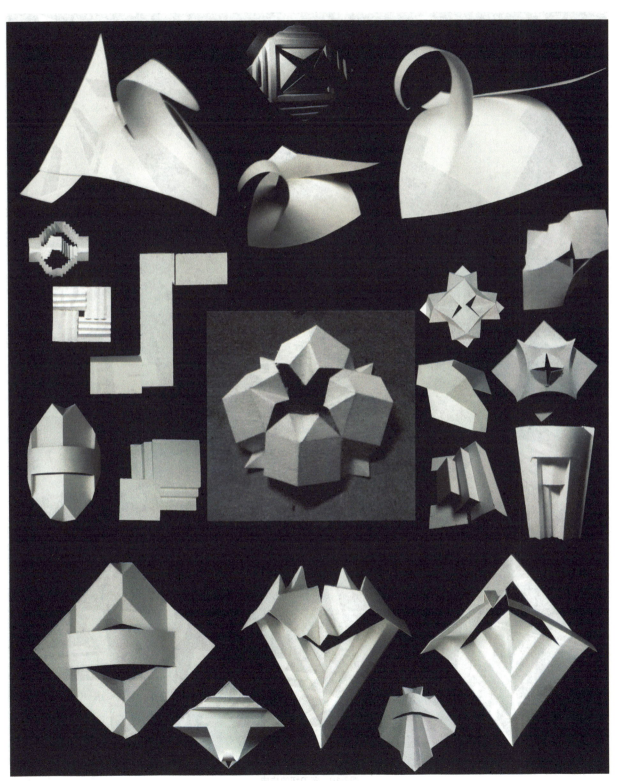

图2-9 双刀切的构成

图2-10 多刀切的构成

在制作的过程中，尽量发挥想象力，用直接联想或间接联想，把折纸的空间感受融入到具体空间造型的设计体验过程，感受前人的经验或体会创作的快乐。无刀切的联想如图2-11，图2-12所示；单刀切构成的联想如图2-13所示；双刀切构成的联想如图2-14所示；多刀切构成的联想如图2-15所示。

图2-11　从无切口折纸到风景园林设计的联想

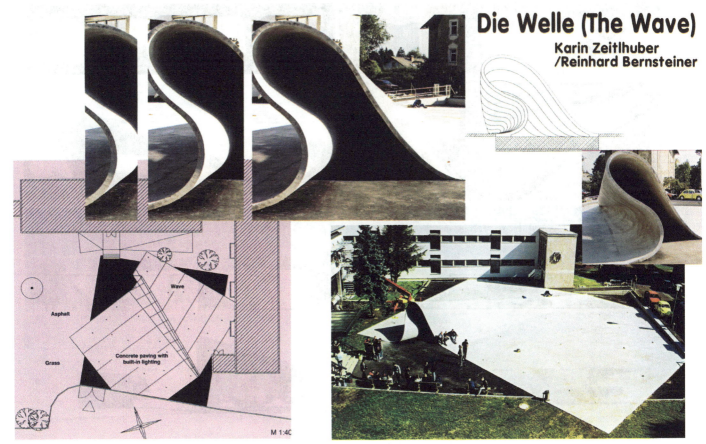

图2-12　一张纸的空间联想

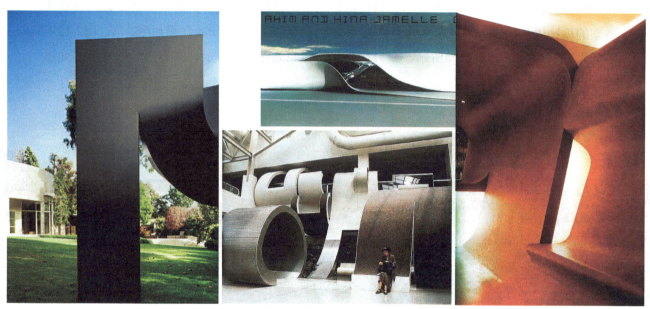

图2-13 单刀切构成的联想

Polnisches Luftfahrt Museum, Krakau

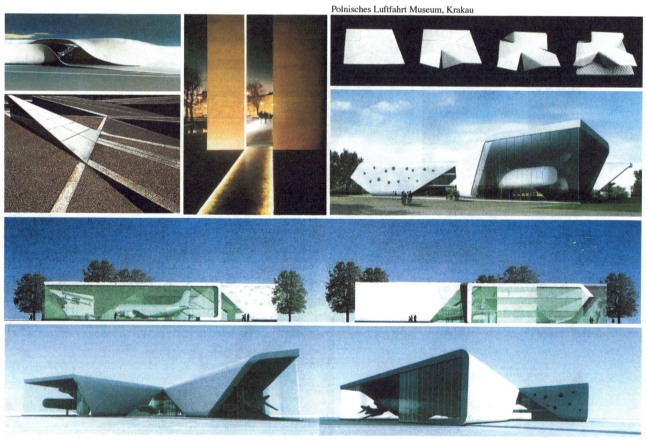

图2-14 双刀切构成的联想

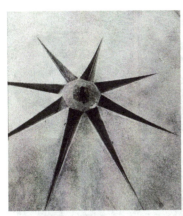

图2-15 多刀切构成的联想

(3) 面的围合

面的围合产生半封闭的围合体，从而增强空间的维度和体量感，在空间设计中出现的比例较大。面的围合大致分为直面围合和曲面围合，曲面围合感较强，所以深受大家的喜爱。在面的围合中，面的切割口的缺省量决定了围合体的突起高度与维度，缺省量越大围合体的突起高度越高，反之越低。曲面围合除了一个圆心的曲面外，也可以制作圆柱曲面或自由曲面。将切割口设在自由曲线的转折处，并根据起伏高低要求设置减缺重叠量，这样可以得到由多个圆心形成的自由多变曲面（图2-16至图2-20）。

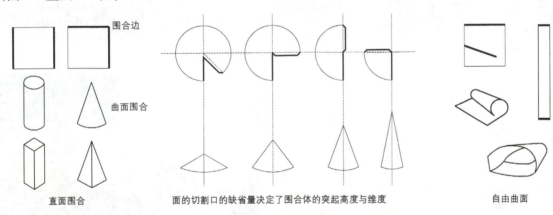

图2-16 面的围合

图2-17 面的围合构成（学生作品）

图2-18 建筑大师博塔的工业作品是以面的围合展开设计

图2-19 面的围合之空间联想

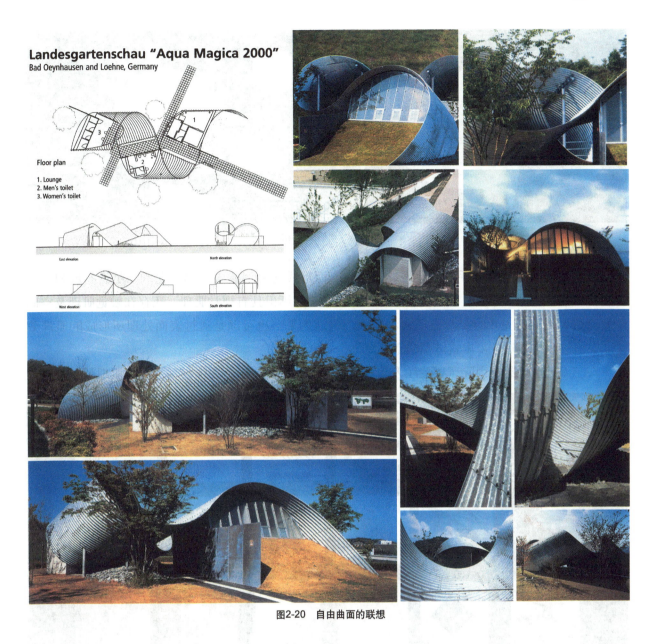

图2-20 自由曲面的联想

(4) 面的插接

插接指在材料上切出插缝,然后将材料相互插接,形成牵制,组合成型(图2-21)。用纸来表现更容易些,在纸边剪条缝,就可插入其他纸,靠纸之间的摩擦使结构不脱离,成为可拆装的构造。插接的角度要根据造型来决定,90°角的结构最为稳定,同时可以加入附加的连接件来构成结实的结构。这种形式的插接较为活泼(图2-22)。

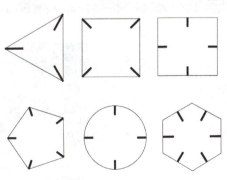

图2-21 典型的插缝形式

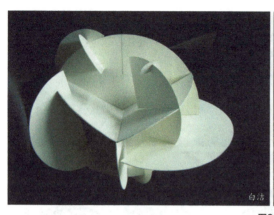

图2-22 面的插接构成（学生作品）

(5) 面的肌理

三维肌理指通过特殊手段的处理，在面材表面形成某种形体或雕刻的孔洞。虽然高度相差很多，但整体上还是一个面，只是变成了另一种表情。它不但具有视觉肌理，还存在触觉肌理及空间的复杂性，既可以是由材质自身所表现出来的肌理效果，也可以是通过表面处理所形成的肌理效果，其最终目的是进一步丰富造型的空间变化。

在三维的肌理练习中除了要关注人为制造的肌理效果外，更要关注材质本身的肌理效果。因为

图2-23 面的肌理构成及其在风景园林中的应用

所有的人为肌理都以自然为模拟对象，这是回归自然、艺术升华的必备条件。形成肌理的方法有很多，可依据个人对自然的不同感受和对以往知识技术的掌握程度，发挥自己的创作才能，开发创作潜力，寻求新的肌理表现（图2-23）。

2.2 三维面的构成规律

2.2.1 单体面的构成规律

以面为主要构成元素的立体造型，要在空间中存在，需要考虑其物理力、荷载和支撑结构，其中对其中心和方向的把握尤为重要，同时鉴于人的视觉习惯，所以主轴的结构力成为练习的重点。按照主轴线的分类一般可将单体面分为直轴面、曲轴面和复合轴面。

（1）直轴面

当主轴线的面沿着直线伸展、穿插，使面与面之间的结构很灵动，而且面的各边缘能表现出该轴线的方向，称为直轴面（图2-24）。

（2）曲轴面

当面的边缘呈现出曲线的形状，导致轴线也呈曲线运动状态，称为曲轴面（图2-25）。

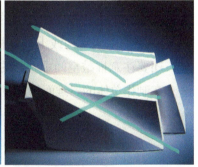

图2-24　直轴面的构成

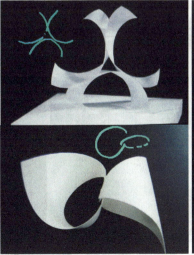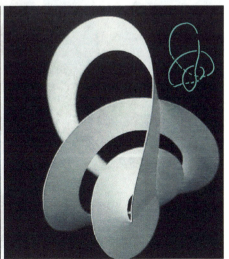

图2-25　曲轴面的构成

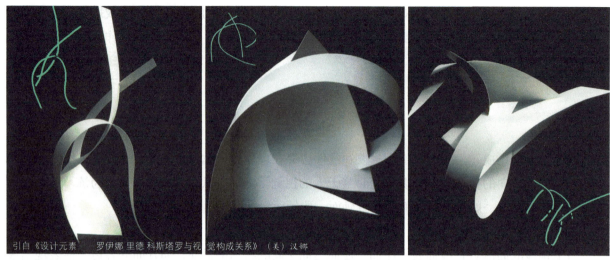

引自《设计元素——罗伊娜 里德 科斯塔罗与视觉构成关系》（美）汉娜

图2-26 复合轴面的构成

(3) 复合轴面

轴线在运动中不断改变方向，但不管它的路线有多复杂，该面的各边缘的方向都朝同一方向的路径运动，称为复合轴面（图2-26）。

一般情况下，在考虑单体的三维面时，不应该只关注面的边缘是否表现出它的轴线，而应该将重点放在主轴的结构线上，让视线的运动穿过面的表面，穿过空间的视觉连续。在推敲主形的时候，还要注意推敲空间中负形的变化。

在制作单体的三维面的造型训练时，建议使用白卡纸或黑卡纸，用订书机、双面胶和透明胶以及金

图2-27 单体面的构成与风景园林设计的联想

属丝(如果需要支撑的话)做固定和粘合。

(4) 单体面的构成与风景园林设计的联想（图2-27）

2.2.2 单元面的构成规律

单元面就如同平面构成的基本形，需要依附在一定骨架上。平面构成只讲究一个面的视观效果，而立体的重复讲究多维的视观效果，其关注的点要更多一些，但在形式美的法则上跟平面构成是共通的。大致分为：

(1) 面层的排列

面层的排列是指由若干个重复的三维的直面或曲面，在同一平面空间或纵向空间中进行各种有秩序的连续排列而形成的立体造型（图2-28）。其最大的特点是三维面要简洁，排列的方式要灵活，这样组合才会具有丰富的变化。三维面的基本原形可以是重复的基本形、渐变的基本形和近似的基本形等；排列的方式可以是直线、曲线、折线、倾斜、放射、旋转等（图2-29，图2-30）。

图2-28 面层排列而形成的立体造型

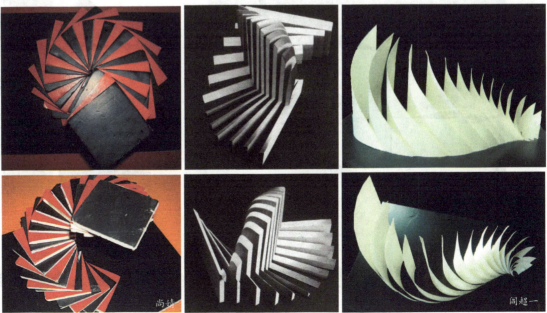

图2-29 面层的排列构成

图2-30 面层的排列构成在风景园林中的应用

国际建筑设计

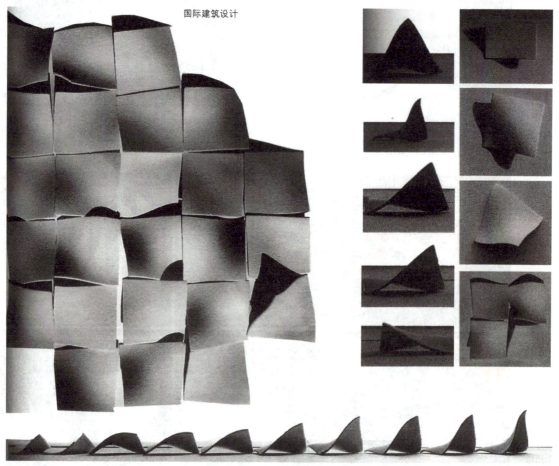

图2-31 立体的表面

(2) 立体的表面

利用立体造型的手法，进行立体表面的塑造，从而形成一种连续的立体表面造型形式（图2-31）。这种造型的设计重点是关注面的形状、大小、虚实、层次起伏的视觉效果，通过贴面、切割、折叠等手法形成所需的立体群。整体骨格可选择重复、渐变、旋转等组织形式。

(3) 多面球体

多面球体是由多个单元面，通过连续的折叠或弯曲，组合成的球体形态。在造型构成中既具有球形的曲面结构，又具有体块的特征，但由于是多个单元面的组合，有虚实和凹凸变化，又显得轻巧而生动。多面球体一般分为"简单形多面球体"和"复杂形多面球体"。

①简单形多面球体　指的是单元形为同一正多边形的多面球体，如正四面体、正六面体、正八面体、正十二面体等（图2-32）。

②复杂形多面球体　指的是单元形由两种以上的正多边形构成，如等边十四面体、等边二十六面体、等边三十二面体等。复杂形多面球体看起来很复杂，但将简单形多面球体的各边中点切割或相邻同位分点连续线切割，或改变单元形的凹凸变化，也能获得复杂形多面球体（图2-33）。

③多面球体的创作　通过以上练习可掌握由面构成体块的过程，接下去尝试一下使用单元面的

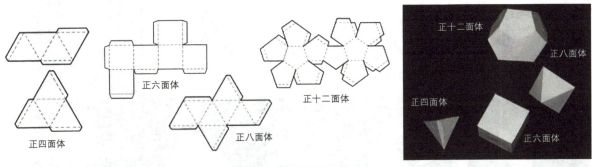

图2-32　简单形多面球体

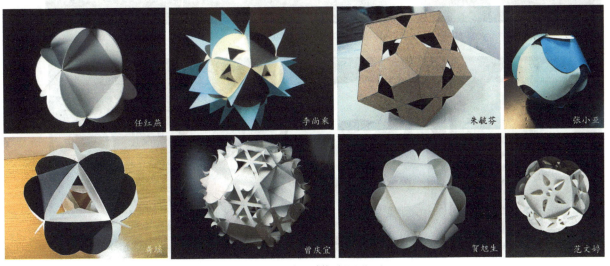

图2-33　复杂形多面球体（学生作品）

图2-34 多面球体的创作（学生作品）

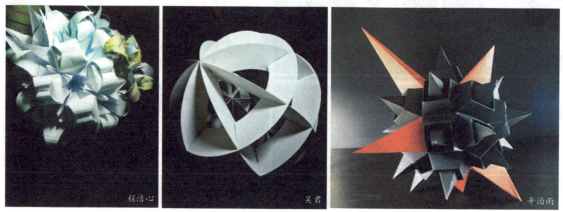

图2-35 多面球体的创作（学生作品）

基本形进行球体的造型创作。要求充分反映面性特征，注意球体虚实、凹凸、肌理的变化和球体的表情，形态要求和构造方式不限（图2-34，图2-35）。

(4) 三维面的积聚构成

三维面的积聚分为同类单元形的积聚和异类单元形的积聚。积聚的骨架类似于密集的骨格，讲究"密不透风，疏可走马"，同时视觉焦点的处理要松紧得当，整体构架动势清晰、主次分明，从各个面看都是典型的积聚构成。在创作之前，先要选定整体的结构形式，再确定单元形的类型，最后根据整体的动势和创作目标努力去创造美的形态（图2-36）。

图2-36 三维面的积聚构成（学生作品）

(5) 三维面的渐变构成

三维面的渐变分为单元形的渐变和骨架的渐变。单元形的渐变包括大小、位置、方向、数量等的渐变，在立体造型中着重表现事物存在方式或是一种运动的力（图2-37至图2-39）。

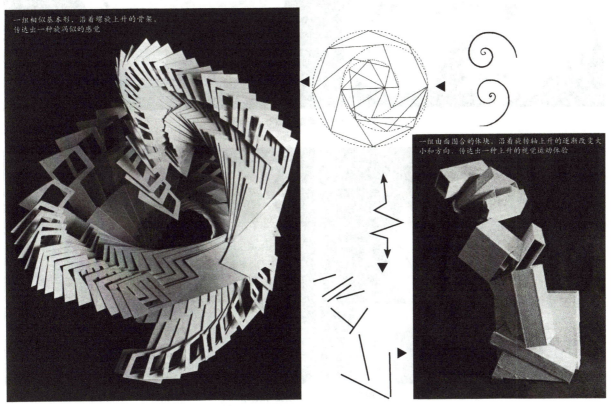

图2-37 三维面的渐变构成(1)（引自《视觉形态设计基础》）

造型基础 立体

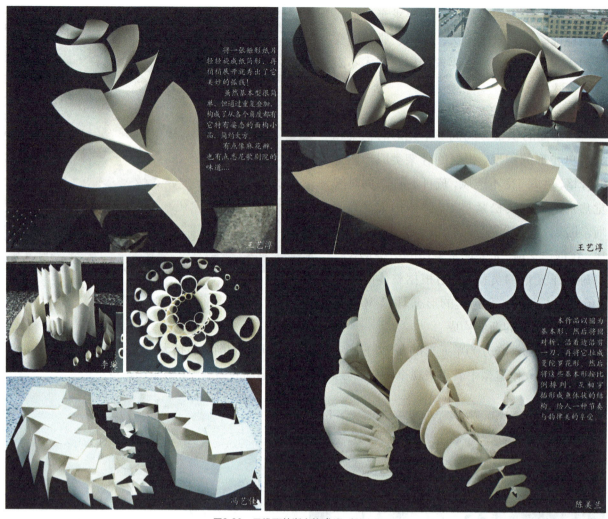

图2-38 三维面的渐变构成(2)（学生作品）

图2-39 三维面的渐变构成(3)

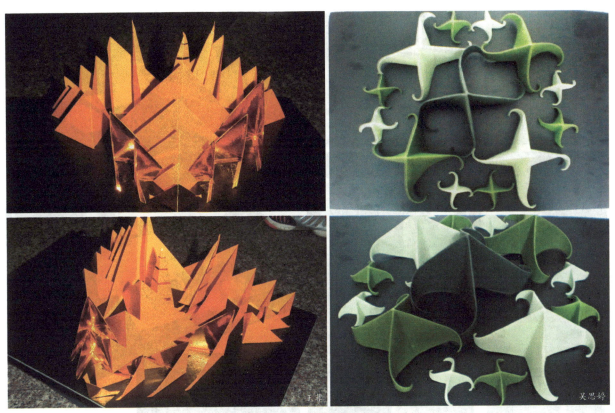

图2-40 三维面的发散构成（学生作品）

重复中带有渐变骨格，以三角形为基本形，营造一种辉煌而尖锐神秘的气势（左图）。

这个作品的基本形是一个三角形的立体形，再将它的角有规律地弯曲成立体图形。若干个大小不同的基本形按一定的规律组合起来，再搭配上颜色的明度变化，让它更富层次感。作品从正面看时像一群闪闪发亮的星星；从侧面看时就变成群山重叠的感觉（右图）。

(6) 三维面的发散构成

三维面的发散构成类似于平面发散构成，要有发散或聚集的中心点，其他的形式围绕这个中心点展开，经常与渐变构成组合在一起综合表现，这样在空间中更能反映发散的动势和力量（图2-40）。

(7) 三维面的空间分割构成

空间分割具体表现在通过对空间比例关系的划分，来展示被分隔后空间的视觉冲击。在平面构成中的分割构成所讨论的黄金比例、整数比例等也是立体造型所要探索的形式规律。从形式来分可分为平面式空间分割和立体式空间分割。对平面式空间分割可采用浅浮雕式的表现，注重平面空间的比例和形式的推敲，带来视觉的冲击；对立体式空间分割这种面积分割可以利用空间框架结构在三维空间上进行研究，用线性材料搭建结构，用面材来分割空间的比例与面积（图2-41，图2-42）。

图2-41 二维面的空间分割构成

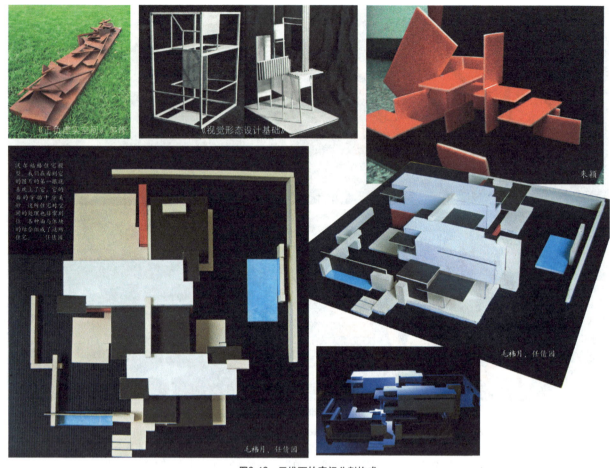

图2-42 三维面的空间分割构成

2.2.3 面的综合构成之联想

面的综合构成之联想详见图2-43至图2-45。

图2-43 面的综合构成之联想（1）

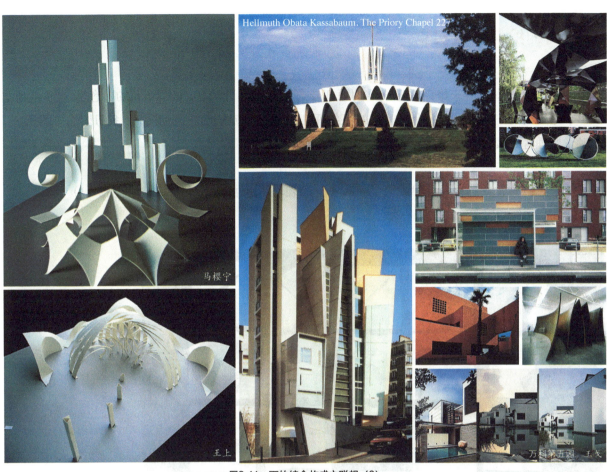

图2-44 面的综合构成之联想（2）

图2-45 面的综合构成之联想（3）

2.3 面的综合构成实验

2.3.1 实验1：三维面的形成

要求 根据本节"三维面的形成"的原理及方法，以尺寸为10cm×10cm的白色薄卡纸，制作3～4个无刀切的三维面、3～4个单刀切的三维面、3～4个双刀切的三维面、3个多刀切的三维面、2个触觉肌理等，要求立体感较为明确（图2-46，图2-47）。

2.3.2 实验2：面的综合构成

要求 打破材料和构成规律的限定，以一定的表现主题展开进行（图2-48至图2-53）。

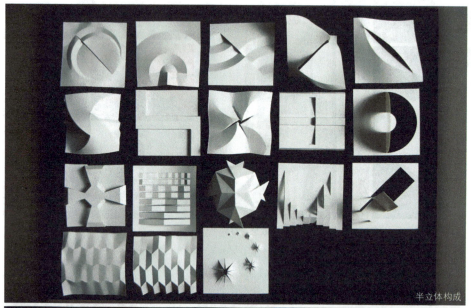

图2-46 三维面的形成（半立体构成）（学生作品）吕回

图2-47 三维面的形成（学生作品）

图2-48 面的综合构成(1)（学生作品）

第 2 章 面的立体构成与风景园林设计

图2-49 面的综合构成(2)(学生作品)

图2-50 面的综合构成(3)（学生作品）

第 2 章 面的立体构成与风景园林设计

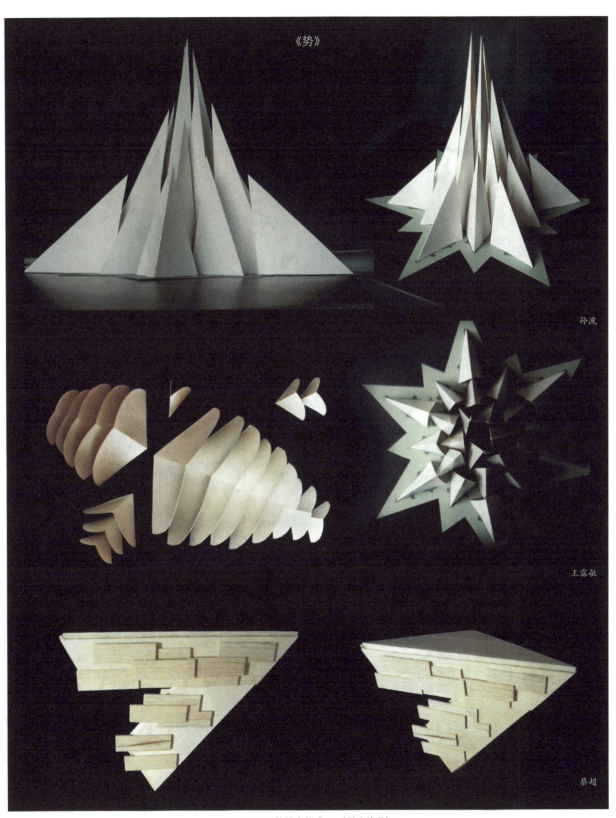

图2-51 面的综合构成(4)（学生作品）

图2-52 面的综合构成(5)(学生作品)

第 2 章 面的立体构成与风景园林设计

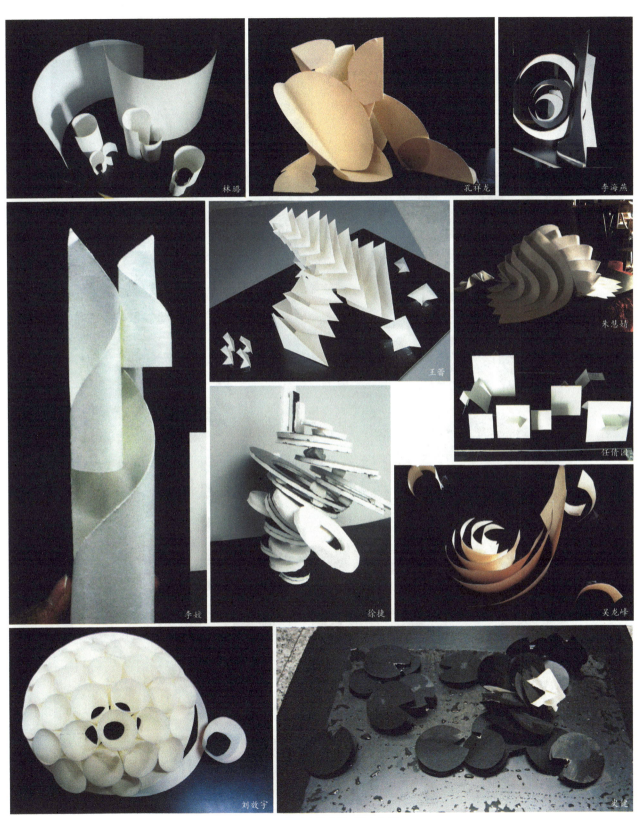

图2-53 面的综合构成(6)（学生作品）

2.3.3 作品欣赏（图2-54）

图2-54　作品欣赏

第3章 块的立体构成与风景园林设计

在立体形态的构造中，块的特点是具有十分明显的体量特征，长、宽、高使立体的空间关系表现得更为丰富突出，在感觉上或生理上给人以饱满的形体感及充实感。在形态的属性上，厚实感是体块的基本性质。当面型在纵向与横向的厚度增加时，体块的特征也将会增加。因此，体块形态的魅力在于它坚实的形体感。在形态构成中，由于体块的材料不同，所表现的坚实感也不同。为了方便练习，体块的选择大都为几何形体，在材料上以泡沫塑料、厚苯板、黏土、白泥为主。下面将从单体块的构成规律、摆布体块关系和积聚构成规律三方面对立体构成进行探讨。

3.1 单体块的构成规律

最基本的几何形体有正立方体、长方体、锥体、圆柱体、球体等，为了使其更加丰富，可通过变形、加减、分割、破坏、伸展、旋转等手段来创造各种动态、动势，产生出千变万化的新形。下面主要介绍3种创造新形的方法。

3.1.1 基本形体的变形

基本形体的变形主要是通过改变规则的几何形体使其向有机形体转化，从而使其形体更为灵巧。变形的方式有扭曲、挤压、膨胀、倾斜、盘绕等（图3-1）。扭曲使形体柔和富有动态；挤压使形体产生凹凸感；膨胀表现出内力对外力的反抗，形体富有弹性和生命感；倾斜使形体因与水平方向呈一定角度，出现倾斜面或斜线，从而产生不稳定感；盘绕使基本形体沿着某个特定方向盘绕变化而呈现某种动态，可以是水平方向的盘绕，也可以是三度空间的盘绕。

变形的块体应注意其整体动势，也就是各部分之间的连续应自然过渡，不要拼凑，要有强烈的整体感。通常，小的形体动势宜微妙，动势强烈易流于粗笨；大的形体动势宜强烈，动势过小易流于柔弱（图3-2）。

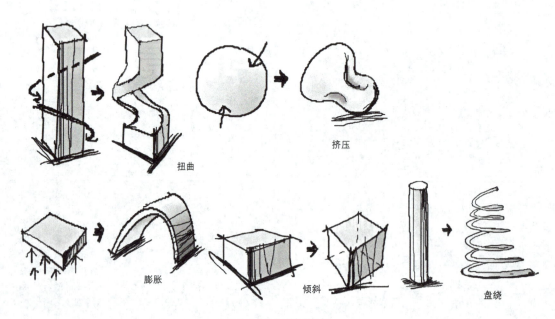

图3-1　基本形体的变形

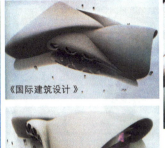
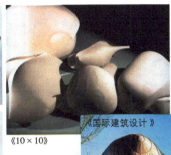

图3-2 基本形体的变形之联想

3.1.2 基本形体的加减

在基本形体上添加和减少，使原有块材的总量改变，而形成新块材。如采用切、挖、钻、镂等方法能使块材的体量缺损或减少；采用单体、多体、异体粘合，则能使块材的体量增加（图3-3）。

① 表面增减 在表面附加某种形体或雕刻某种形态的洞孔（图3-4）。

② 边线增减 在边线插加或挖切某种形体（图3-5）。

③ 棱角增减 在棱角附加或雕刻某种形体，或作切除修饰（图3-6）。

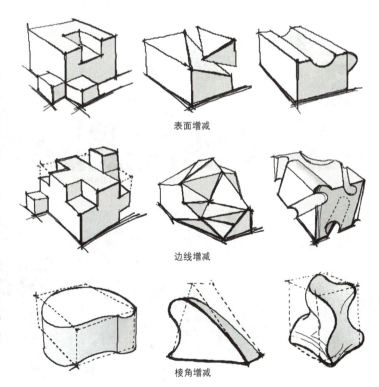

图3-3 基本形体的加减

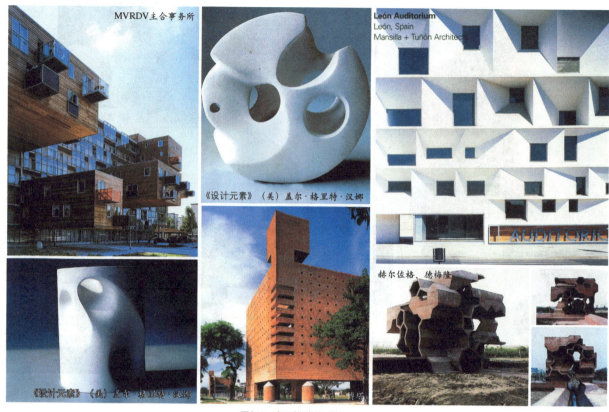

图3-4 表面增减的联想

ESTRUCTURAS JINHUA 赫尔佐格、德梅隆

图3-5 边线增减的联想

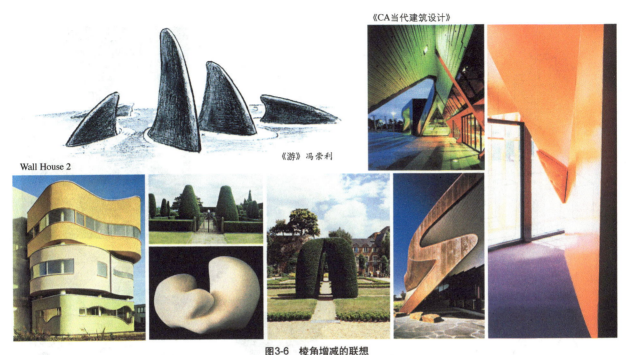

图3-6 棱角增减的联想

3.1.3 基本形体的分割

分割是在保持原有块材总量不改变的情况下，先通过等分及自由分割等方法处理，再进行移位、重新组合，形成新块材，要求这个构成比原体块更有趣。分割与再次组合能极大地刺激、丰富创新意识，给人以启示，增强思维联想能力，开拓出新的立体形态。

(1) 等分割

等分割就是把块材做等量性分割。由于形态的整体受到等比例的分割，会形成很明显的空间虚实效果，对这些具有等体量的形块，通过分割形式、移位形式的改变，可构成不同的组合体。由于其整体和部分之间具有相同的比值和形的虚实关系，因此，在形态设计时应主要关注其空间位置及组合形态的变化。

等分割训练包括二等分、三等分、四等分等（图3-7）。二等分是用直面或弧面完成体的二等分割，练习时先以方体分割，再尝试锥体分割，最后感受球体分割，二等分完成后试着三等分、四等分及综合分割（图3-8）。制作时注意以下几点：材料尽量用黏土、白泥或厚苯板；黏土刀做直线切割，使用24号铜丝来切割曲线；用牙签或大头针进行形体之间的固定。

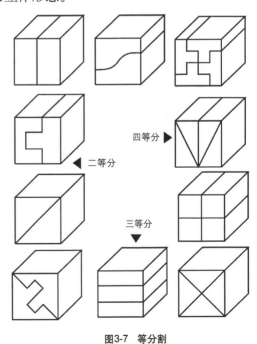

图3-7 等分割

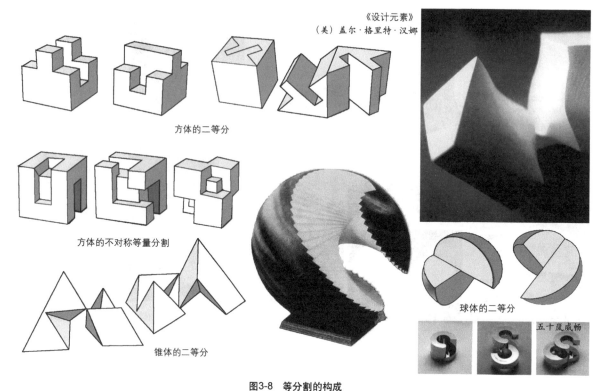

图3-8　等分割的构成

(2) 自由分割

所谓的自由分割是指在造型中对某种体块形态做自由的不对称的截取、移位与组合。自由分割的方法有两种：一是随意性切割，即随心所欲地自由切割块材（图3-9）；二是偶然切割，即如失手跌落成碎块。

在分割的过程中，注意构成中凹形体的变化，因为它造成了凸形体之间的张力关系，以及凹凸形体之间的张力关系（图3-10）。

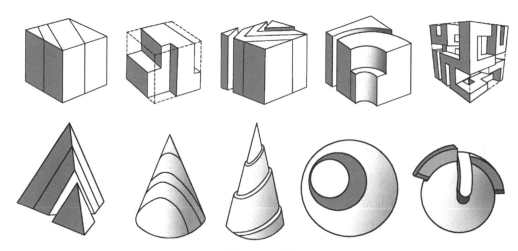

图3-9　自由分割

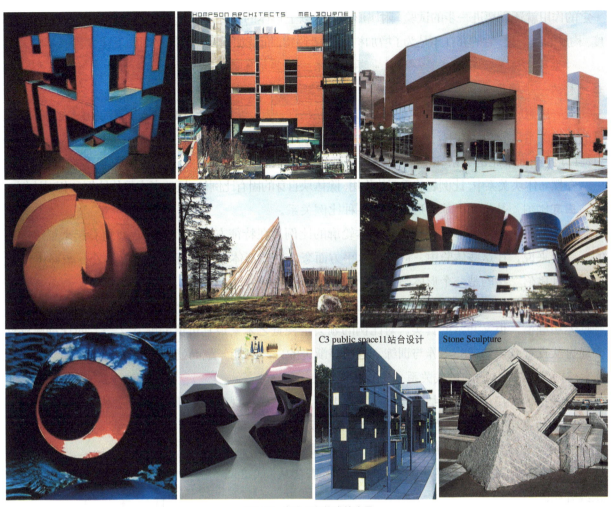

图3-10 自由分割构成的应用

3.2 摆布体块关系

摆布体块的关系是通过对主导形体、次要形体和附属形体之间的摆布，掌握其内在的摆置规则，形成优美的造型。

在选择形体的特征上要尽可能多地变化，同时学会用眼睛去判断体块间的量感和动势。在摆布体块的练习中主要采用黏土、白泥、厚苯板或海绵，制作时尽量让形体规整。

3.2.1 方体

(1) 确定形体主从关系

通过选择主导形体、次要形体和附属形体，建立各体块间的关系（图3-11）。主导形体是组团中最大的元素，在趣味性和生动性的营造上是最重要的。次要形体是对主导形体特征的补充和加强，可采用特征对比、位置对比或轴线的相左，如没起到

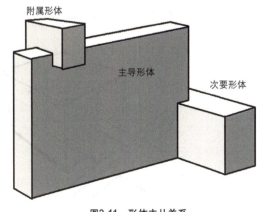

图3-11 形体主从关系

一定的作用就还需要进一步的试验。附属形体是对以上形体的补充，增加设计的趣味性和增强空间的维度、构成的统一感，它的存在不是为了增加构成的精致感，而是加强其他形体之间的对比度。

"主导形体与次要形体是一个很重要的关系。这些形体的首要作用是进行相互补充。它们必须是互利的——就像母鸡和鸡蛋一样。"——罗伊娜·里德·科斯塔罗

统一感意味着视觉凝聚力，它把所有的东西联结在一起。设计中所有的视觉关系被组织成为一个细腻的依赖关系，所有元素相互支持、相互加强，任何细小的改变都会扰乱这种完美的平衡和张力。

(2) 仔细推敲比例关系

在摆布体块关系中，比例起着重要的作用，除体块自身的固有比例外，还要考虑整体比例和相对比例。

固有比例　是指一个基本形内在的各种比例关系。

整体比例　指组合形体的特征或整体轮廓的比例。在特征方面，不允许有视角看起来是很乏味的。一般来说，在这些体验中，应该从水平方面夸大一些形体，从垂直方面夸大另外一些形体。

相对比例　指的是一个形体与另一个形体之间的比例。

比例决定一切，优美的造型与普通的造型之间的区别在于它们比例的精确性。而这种比例的精确性无法触摸，但又非常的真实。对比例的领会是视觉艺术家最具价值的财富之一。而这种敏感性要通过从直觉意识到美的培养与训练，是循序渐进的，不可能一蹴而就。

(3) 定位各形体间的轴线关系

轴线指暗含在形体中的结构轴线，是将要人为抽象或表现的线，用于显示形体的最强运动趋势和确定形体在空间中的位置。在训练中，要求反复尝试，确定每一个形体在空间中的位置（图3-12）。构成中大量的轴线运动能带来更强的三维感，但一开始的介入需要从简单的轴线开始。

"每当想到你的设计作品的平衡时，你就应该像一位舞蹈家。如果你的胳膊和腿的轴线不能支撑你的脖子和躯干的轴线的话，你就会摔倒。"——罗伊娜·里德·科斯塔罗

(4) 连接形体

连接形体的主要方法有相贯、楔入和支撑（图3-13）。

图3-12　各形体间的轴线关系

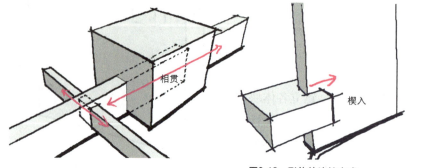
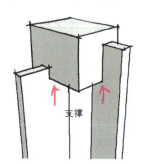

图3-13　形体的连接方式

3.2.2 曲面体

(1) 曲面体的种类

用黏土或白泥制作各种比例的曲面体，感受曲面的张力与灵动。如球体、半球体、圆锥体、圆柱体、椭圆体、半椭圆体、1/4球体、1/4椭圆体等（图3-14）。

图3-14 曲面体的种类

(2) 曲面体与方体的共同点

建立主导的、次要的、附属的关系。要把最有趣的形体放在主导位置，如顶部看起来倒是主导位置，如果一个形体非要放在底部，它需要在个性方面能双倍地引人注目。如果要创造一个比孤立的单体设计更生动和有趣的构成，则要注意每个形体的个性特征。

把轴线放在合适的位置。轴线决定形体的立体感和趣味性，由于曲面体自身的特点，需要利用斜轴来创造空间的运动和视觉的张力，否则会拘泥于曲面体自身的轴线关系。

每个角度都不能很平淡或很突出，之间的趣味比不能超过20%，否则作品将出现主观赏面和次观赏面，违背立体构成的原则。

提高对固有比例、相对比例和整体比例的敏感度。

接合方式将面临更大的挑战，在草模实验中，可在泥里用铁丝作结构。

注意实体造型外的空间形态。

(3) 视觉平衡

在构成作品中，形体之间必须相互呼应，共同起作用，获得全局或统一的感受。就如视觉平衡依赖于轴线的动势和物理结构之间的平衡力，平衡力依赖于主导形体和次要形体所占的1/5以上的轴线运动结构。其中的一个体块、一个平面或者一根轴线为了获得实际结构的平衡或者视觉的平衡，会依赖于其他形体、平面或者轴线，或依赖于承接它的面和其他形体的实际支撑（图3-15）。平衡感敏感度需要通过大量的实践和经验发展起来。

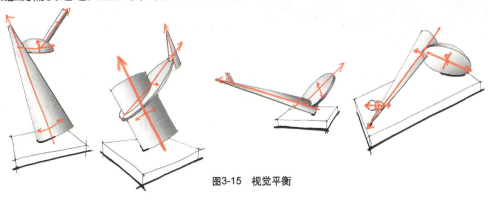

图3-15 视觉平衡

另外,张力对视觉平衡也起着重要的作用,大致有以下3种类型:一是各个体块轴线之间的张力,它们相互之间必须非常精确;二是各个平面表面之间的张力,它们之间必须意识到彼此的存在;三是各个曲线的重心之间的张力。

3.2.3 方块体与曲面体

方块体与曲面体的综合应用,讲究的是群体运动的概念和组团的关系。用黏土制作多种方体和曲面体,选择5~7个进行动态平衡的训练。① 建立主导的、次要的和附属的关系。注意固有比例、相对比例和整体比例。② 考虑整体的关系和方向力的平衡,每一个形体必须在空间中有自己单独的位置,但必须与其他形体相互协调。③ 把轴线放在适当的位置来建立视觉的连续性。把握主导、次要和附属之间的各种关系,如轴线的运动,形体的重量和体积,形体之间接触和视觉的独立等。切忌不要把所有的形体排成很长的一条线。在摆布的过程中感受其中一个形体的运动停止后,另一个形体运动对它进行的补充。④ 从各个角度观察你的作品。避免只有最佳视角或正面的概念,仔细推敲,让不理想的角度发挥作用(图3-16)。

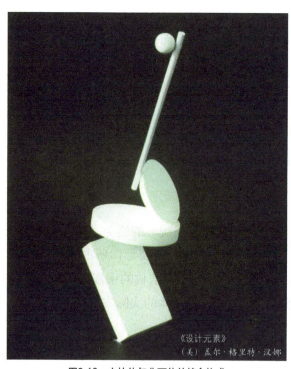

图3-16 方块体与曲面体的综合构成

3.3 块的组合构成规律

块的组合构成,指的是把重复形或相似形的单元体块按一定的规律组合在一起,使之成为一个完善的整体。通过重复来增强造型形态的节奏与韵律,强化立体形态的个性特征。在手法上主要采用形体的重复、渐变和相似;在组合构造关系上主要采用线性、放射式、中心式、轴线式等,以及通过体块形体之间不同的联系方式,形成丰富的形象。

块的特点决定它是最富有体量感的立体,量感在构成中起着强化立体和空间的作用,也是构成中最重要的一点。量感有两种——物理量感和心理量感。物理量感可以通过实地测量得到结果,如体积大小,容积多少。而心理量感则来自人心理对物体重量的一种感受,由直觉进行判断,这也是立体构成中的难点之一。如相同形体的块材,会因为棉和铁的质感、肌理、色彩、方向等因素的差异,形成量感差异;支撑块材的柱、线材会影响量感的差异;块材的大、中、小、角、方、圆、实、透也都会影响量感的差异等。为此,根据体块的特点,把块分为三大类——角块、方块和球体,展开组合规律的实验。

3.3.1 角块的组合

角块的组合重点应以表现运动感为主。这是由于角块具有多个棱角，而这些棱角的方向性直接影响整体的统一感。如何控制角块的方向的变化性，使它具有较强的运动感，是思考的重点。角块组合中控制方向是最突出的练习目的，会有相同、相似、特异等角块组合在一起（图3-17）。但不是所有角块都有明显的方向问题，像等边角块组合，其方向性就弱，而质感和视觉肌理起了更重要的作用。而不等边角块组合时，其单体方向性强，容易造成方向的杂乱感。

角块组合形式主要包括面接触、角接触、面角接触、全面结合、半部结合、搭缘结合、凌空结合。

3.3.2 方块的组合

方块存在较明显的稳定性。方块的组合重点应是表现秩序感、韵律感。方块的秩序感主要包括直线排列、螺旋排列、梯线排列、错位排列等（图3-18），方块的韵律感主要包括聚集与分散、扭转角度、搭合等（图3-19）。在水平组合方块材时，块的方向指示性较弱，适合于体积表现。当方

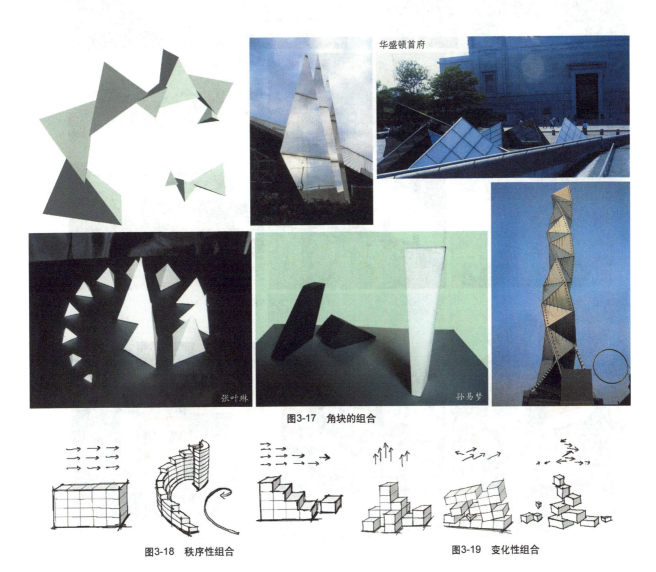

图3-17 角块的组合

图3-18 秩序性组合　　　　　　　　　　图3-19 变化性组合

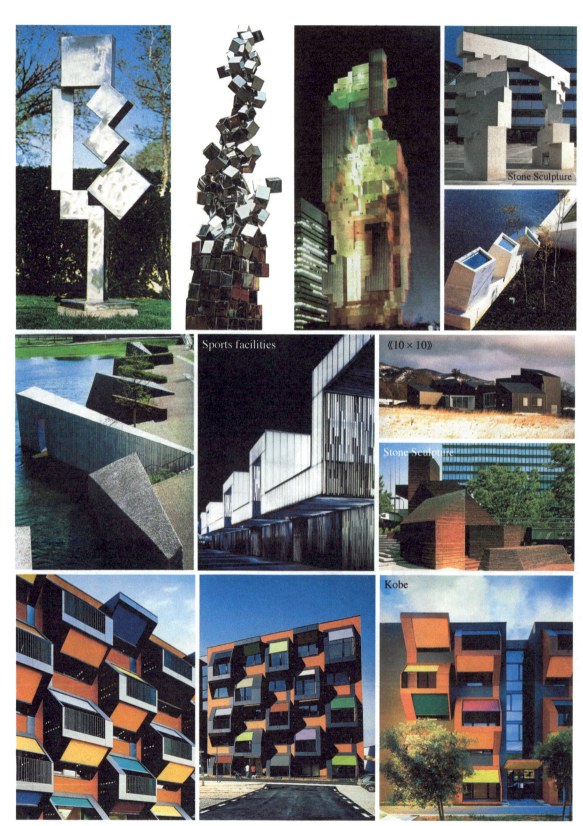

图3-20 方块的组合之设计联想

块以角相接触时，会有极其强烈的动感，应以趋向平稳为运动方向。如何在平稳中寻求动感和变化，是方块的组合中需要重点思考的内容（图3-20）。

3.3.3 球体的组合

球体集合了角块的方向感和方块的量感，使它在组合过程中很显生动。球体与球体之间的连接影响球体之间的稳定性，对它进行切割时，切割的程度或角度不同，会丰富球体的多样性，增强球体的稳定性。球体的组合要点在于接触点的处理上。对球体的组合实验主要采用整球体、半球体和不同切面球体的组合构成（图3-21，图3-22）。

图3-21 球体的组合（学生作品）

图3-22 球体的组合之设计联想

3.4 块的综合构成

造型的目的是反映场所的精神,具体应用时,往往要根据主题的要求、场地的限定、材质和工艺的限定,给予取舍。这时就需要对块的综合理解和应用,打破规律的限定,更为自由地组织(图3-23)。在风景园林设计中,由于其特点,块主要应用在局部的节点或公共艺术品(图3-24)。

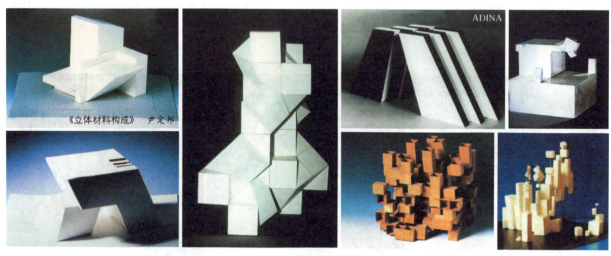

图3-23 块的综合构成

图3-24 块的综合构成之联想

3.5 块的综合构成实验

3.5.1 实验3：摆布方块体

要求 通过以上4步骤的训练来获得优美的造型，达到视觉的统一感，形体特征方面要尽可能地有本质的不同。首先设计主导形体，然后创作次要形体和附属形体，处理好整体与局部、局部与主体的密切关系，从而达到统一的效果。或突出垂直比例，或突出水平比例，要体现出一定的结构性和各个方向力的平衡，把推敲后的泥稿模型，翻成石膏模型后，再进行修整，可参考图3-25和图3-26。

尺寸 控制在40cm×40cm×40cm的空间范围内。

思考点 主导形体和次要形体之间有没有对比？它们是不是互补的？它们在大小和形状上是不是太相似（避免重复使用相同尺寸）？主导形体是否在显著的位置？附属形体是不是增添了三维特性并且使形体整体得到了统一（避免附属形体被孤立）？从各个角度看构成形态是不是都很好？

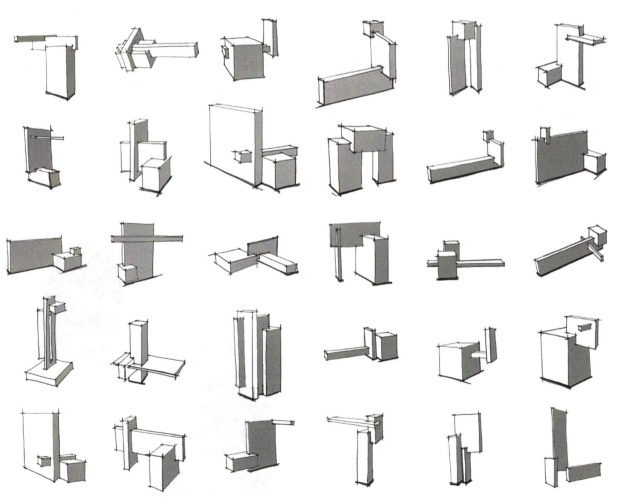

图3-25　摆布方块体

图3-26 摆布方块体

3.5.2 实验4：摆布曲面体

要求 从摆布方块体获得经验的基础上，进一步分析曲面体内在的个性特征，通过比例的推敲，物理结构力和轴线的设计，达到视觉平衡，从而获得优美的造型（图3-27）。把推敲后的泥稿模型，翻成石膏模型后，再进行修整（图3-28）。

尺寸 控制在40cm×40cm×40cm的空间范围内。

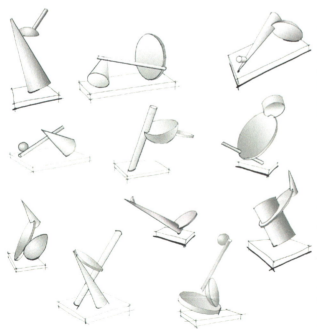 

图3-27 摆布曲面体　　　　　　图3-28 石膏曲面体

3.5.3 实验5：块的综合构成

要求 打破材料和课题的限定，进行块的综合构成训练。要求造型表情清晰、主次分明、轴线结构生动、视角多维、比例得当、视觉平衡等（图3-29至图3-31）。

尺寸 控制在40cm×40cm×40cm的空间范围内。

图3-29　块的综合构成(1)（学生作品）

图3-30 块的综合构成(2)（学生作品）

第3章 块的立体构成与风景园林设计

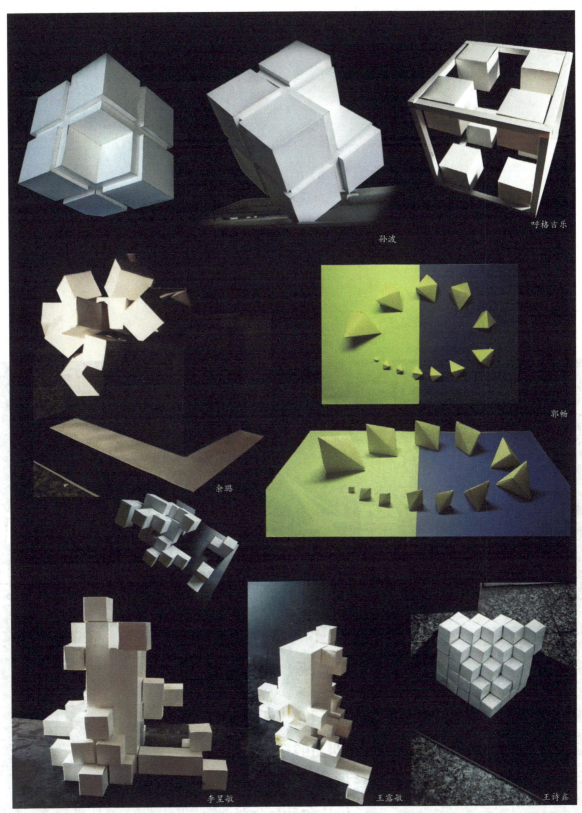

图3-31 块的综合构成(3)（学生作品）

73

第4章 线的立体构成与风景园林设计

- 线的种类
- 单体线的构成
- 线的构成规律
- 线的综合构成之联想
- 线的综合构成实验

线型在立体造型中有着独特的个性特征。线型具有较强的方向性、速度感与动态感；可以用来构成立体形态的骨架、轴线以及结构体本身；它在架构空间、组织空间时有其他形态无法替代的作用。

在空间构成时，应关注线型的结构及构造所带来的虚空间。虚空间的相等使人感受到一定的秩序，虚空间不相等则使人感受到形态的运动性、深度和方向感。

4.1 线的种类

线状的体为长度远大于横截面宽度的体。线状的体轻盈而锐利，具有方向感和动感，起到连接、贯穿空间的作用。

线型的形态特征很丰富，根据形态可分为垂直线、水平线、斜线、曲线、折线等；根据粗细可分为粗线和细线；根据粗线的造型来分有圆柱、棱柱、透空柱、围合柱等；根据质感可分为软线和硬线；根据数量多少来分可分成单根线和组合线。由于线型丰富，其形成的方法也比较多样。

4.1.1 线的形态分类

线的形态特征影响构成造型的形态特征（图4-1），具体如下：

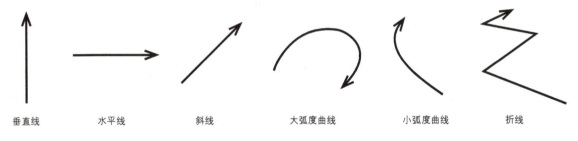

图4-1 线的形态分类

垂直线 积极向上、端正、挺拔、坚定、严谨、敏锐。

水平线 安定、平稳、连贯。

斜线 方向明确，富有动感、速度感和不稳定感。

曲线 大弧度曲线给人流畅、舒展、饱满、柔和、优雅的印象；小弧度曲线给人蜿蜒、韧性、缠绵、依附的感受。

折线 曲折、坚硬有力，具有一定的爆发力和攻击性，具有不安定的分子。

线型的粗细变化也会产生区别，较粗的线更有力、更牢固和健壮；细线则给人敏感、秀气和纤弱的感受。

4.1.2 粗线的造型分类

线的造型都是指一般粗线的造型，因为只有具备一定的粗度，其造型才能被强调地显现出来（图4-2）。

圆柱 圆柱的断面形象是圆形、椭圆形。包括实质柱材、空心柱材、上细下粗的柱材。圆柱变细后就称之为圆线。

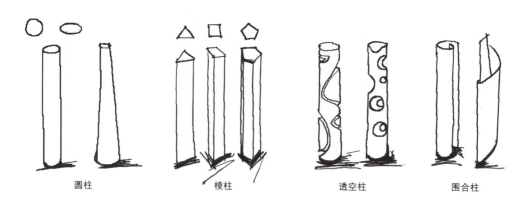

图4-2 粗线的造型分类

棱柱 棱柱是指所有具有棱角线的柱材，柱材的断面形象是角、方、多边形等。常称有3条棱边的柱材为角柱，有4条棱边的柱材为方柱，有多条棱边的柱材为多棱柱。

透空柱 柱体被雕凿或镂刻。如在实心柱材上做雕凿，在空心柱材上做镂刻。

围合柱 由面围合而成的粗线，可以用围或卷的方法来实现。由于围合柱的可塑性很强，因此，在线的造型构成中应用较为广泛，如留有一小部分的口未合拢可形成多个虚体空间的线型。

4.1.3 线的质感分类

硬线 金属线材、木线材、石线材、复合线材等。硬质韧性线材如各种金属线材等具有较强可塑性，也具有一定的支撑性，其加工方法比较丰富，有粘接、焊接、榫接等方式，还可以弯曲或弯折出各种造型。硬质无韧性线材如玻璃棒、塑料管等通常硬而且脆，单体形态一旦固定就很难改变，只能进行粘接、焊接等。

软线 各种纤维、电线、枝条、纸条、布条等。软线材极富变化性，可以按照人们的意愿随意弯曲、转动、结接、粘接等，甚至要依赖某种措施才能使它保持住一定的形态。

4.1.4 线的形成方法

谈到线，很容易联想到铁线，从细到粗有各种型号。但由于成线的方法很多，质地丰富，其粗细的制作也不一样。细线的形成方法相对简单一些如剪切、折叠、搓捻等；粗线的形成方法大多来自于面材，如采用卷曲、切割、插合等方法。

(1) 细线的形成方法

剪切 主要针对薄、软面材而形成线材的方法，通过剪切面材可以形成细线材、细条材。如剪切纸材、布材都可以得到较细的纸条、布条，但出现的效果却有所差别。纸质的线材会因力而出现自然卷曲的特征；布质的线材则不会出现此种状况，而是形成自然下垂的特征。

折叠 对薄、软面材经过折叠可以得到线材。特点是即容易成形也容易走形，大多需要借助其他方法进行加固，纸材一般可以借助胶水、胶带、书钉等；布材靠缝制成条；金属材质则依靠自身的特性固定折叠结果。折叠可以形成扁带，也可以形成空心管。

搓捻　滚动黏合成线。用于搓法的材料多为面材或是纤维类材料，通过搓的合力，使材料扭卷成线材，如搓泥条、搓纸条、纸条卷管、捻棉线、捻毛线等。

(2) 粗线的形成方法

卷曲　由面材转化成圆柱材是应用最多的方法之一。将面材卷曲并将两个边缘搭合、黏合，就能得到一个顶、底透空的圆柱材。

切割　从实质性的面材中切割而得。在块材中产生线材需要二次成型，通过块材转化成面材，再转化成柱材。

积累　将线材扭转成柱体，或将线圈叠摞成粗线体。

4.2　单体线的构成

为了更为真实把握线条的空间关系，在单体线的构成中，线的形态限定在曲线的范畴，选择细的金属丝作为研究的对象。

4.2.1　基本线型

基本线型的具体形态可分为3种缓慢曲线、4种速度曲线、3种方向曲线和"独立的"曲线4种类型，共11种曲线，它们是设计中使用的典型曲线，即如色谱表中的颜色。虽然其中还可能有许多其他的曲线，但只是不同比例的相似曲线而已。

(1) 3种缓慢曲线（图4-3左）

中性曲线　属于中庸的曲线，是圆周的一段，其重要特征是从任何方位看都一样，它的扩张程度在整个长度上都是相等的。

稳定曲线　属于生动而灵巧的曲线，线条的重心和延伸点处于一个平衡的状态。

支撑曲线　在形态上刚好与稳定曲线相反。如果在这种曲线的顶部放一些东西，那么会感到它像一座桥一样支撑着负载。

(2) 4种速度曲线（图4-3右）

轨迹曲线　就如投出去的球的运动轨迹，开始时运动轨迹是直线的而且速度很快，然后随着速度减小而下落。

双曲线　看似与轨迹线相似，但在特性上有很大的不同。始时直而快，但速度并非慢慢减小，而是向着起点转折回去，并且能量集中在一点上，有如回旋标的运动轨迹。

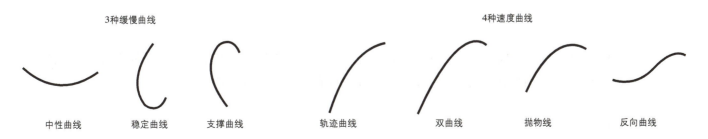

图4-3　3种缓慢曲线和4种速度曲线

抛物线　这里的抛物线并不等价于数学上的抛物线，但与其类似。它是轨迹线与双曲线的结合。是适用于一些大的有机形体的曲线。

反向曲线　是最有趣的曲线之一。它与字母"S"的曲线相似，多了一些活力、动感。

(3) 3种方向曲线（图4-4左）

悬链曲线　是一条重力下垂曲线。似链锤前后摆动的轨迹。

方向曲线　像掰竹竿时，竹竿被掰断之前的张力曲线，具有明确的方向指示。

垂直曲线　与悬链曲线和方向曲线相似，但角度接近垂直，感觉更有韧性。

(4) "独立的"曲线（图4-4右）

螺旋曲线——由于它有许多潜在的特征，如螺旋的系数、盘旋的数量和曲线的张力，所以很难与其他一些曲线组合，被视为最有"生命力"的曲线。

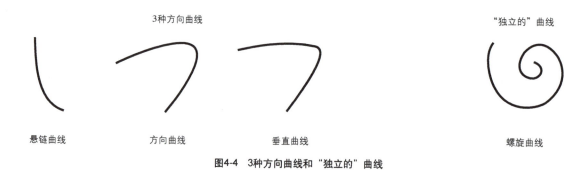

图4-4　3种方向曲线和"独立的"曲线

4.2.2　基本线型的制作

可以从画曲线开始，使用废报纸和炭笔，随意而且尽量快地进行，画许多各种不同比例的曲线。当体会到不同线型的风格后，选择直径3～5mm的铜线或铁线为材料，用尖嘴钳进行制作。

在空中制作的曲线，效果会更好。学会最大限度地向空间内或向空间外制作一些线条，并且从不同的角度进行观察，以进一步理解空间中的曲线。将制作出的线条按类型归类，然后选择4种不同的曲线（特别是使用一些对比和互补的曲线）和两条直线，将它们安装在一个基座上，并焊接在一起，构成一组设计，具体可参考实验6。

4.2.3　单体线的构成在风景园林中的应用（图4-5）

4.3　线的构成规律

线在三度空间构成立体时，一方面要注意结构，另一方面还要注意空隙，以便创造层次感、伸展感以及具有力动性的韵律等。常见的线的立体构成有3种构造，4种组合。

4.3.1　3种构造

(1) 垒积构造

该方法是将所选取的一些单元线型重叠起来，作垒积形式的构成。就像搭积木一样，靠接触面

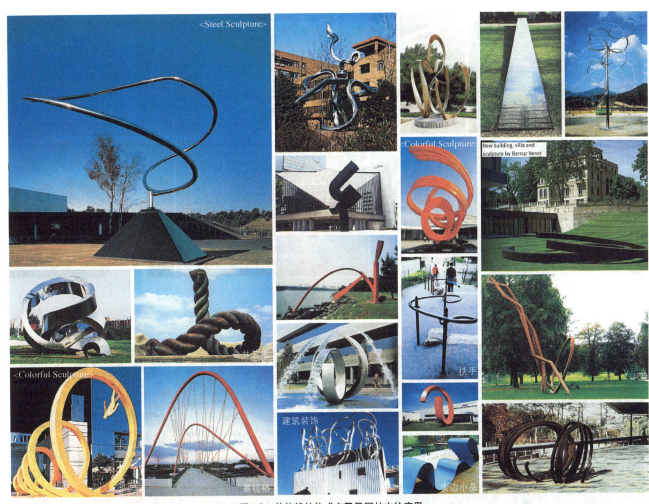

图4-5 单体线的构成在风景园林中的应用

的摩擦力来构造形体,能承受从上面来的强大压力。当垒积的过程受到外力的影响时,线型形态即会移动。

①棒的积木 如架空晒干木柴的方法一样,把棒垒积起来。这种构成所遇到的特殊问题是材料间的摩擦力和重心位置。支承部件对于地面的倾斜角如果过大,就会引起滑动而成为不安定结构(图4-6)。

②卡别组合 不用胶和钉,只靠摩擦进行构成时,相互别紧的组合是很有效果的。当然,这需要线材有一定的韧性,以便弯曲而增大摩擦力,使结构更加牢固(图4-7)。以这些基本形为单位,通过上下左右方向的发展(上下的垒积和左右的连续),在产生固有节奏感的同时,又创造出变化的空间趣味来。

最后,如果在上述组合的基础上,适当地增加些停滑结构(凹槽和暗榫)还可以创造出垒积构造的各种形态。

(2) 框架构造

线型框架构造是一种独特的线型空间组合,在形式上主要有面型构造线框、立体构造线框和

造型基础 立体

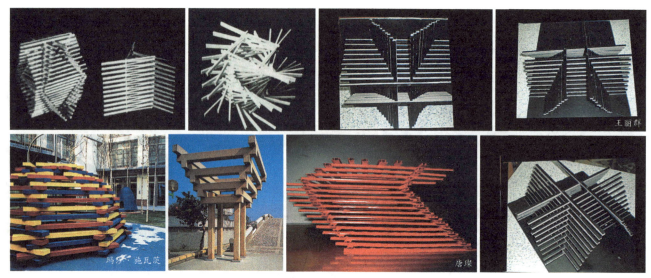

图4-6 棒的积木

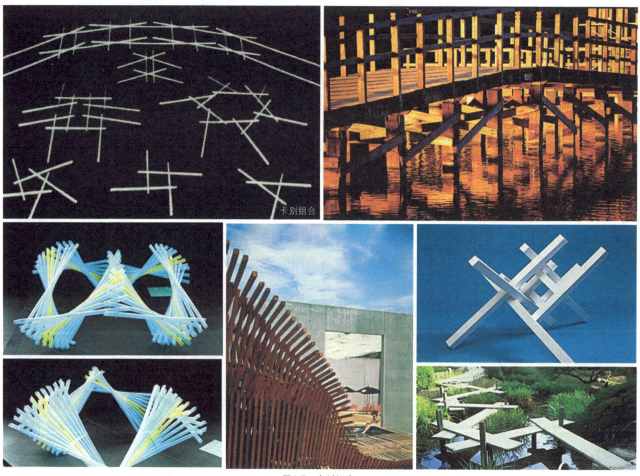

图4-7 卡别组合

连续型（图4-8）。设计的方法有重复、渐变、自由组合、连续框架等。如在设计时，当用相同的平面线框按一定的秩序排列或交错进行构造或者直接构造立体框架，就具有强烈的重复效果；当形态以大小渐变线型排列时就具有渐变的节奏感等。因此，设计时除了按线型的构造手法进行造型外，更重要的是需注意线型构造体的重量分配应符合重心规律，各线型、各节点的结合要符合力的关系。

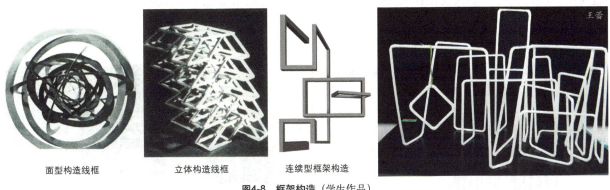

面型构造线框　　立体构造线框　　连续型框架构造

图4-8　框架构造（学生作品）

(3) 桁架构造

线型桁架构造又称为网架构造，是采用一定长度的线型以节点构造将其组合成三角形，并以三角形的构造作为单位组，进一步进行组合。在设计手法上，常常以等边三角形为基础，然后关注其空间形态的发展。设计时须注意所采用的线型的剖面形状、线型本身的强度以及节点的形式（图4-9）。

制作一个不变形的立体，最少需用6根线材，基本形是顶点相连接的正四面体框架。通过改变其中每一根在节点的位置就可以产生许多的变体。以这种基本形为基础向四周连续发展，部件长度为一种或两三种，就可以创造出各种桁架构成。

图4-9　桁架构造

4.3.2 4种组合

线的长度特征使其显得轻盈、灵动,虽不具有体量感,但具有空间连续的作用。组合后的造型透空性较强,能产生线状的线、线状的面、线状的体3种造型意向。

(1) 并列组合

线条平行排列或有秩序地排列,具有明确的方向性,显得步调一致、富有规律,通过线条的长短变化、疏密变化、形状变化和质感变化,可以增加组合的节奏感和韵律感(图4-10)。

图4-10 并列组合之构成

直线的并置　秩序、规范、井井有条。

直线与曲线并置　要区分主次，处理得当将既有秩序又富于变化。

曲线的并置　变化中有秩序。

(2) 交错组合

线条在空间中相互穿插、交错，形成强烈的空间感和丰富的层次感(图4-11)。

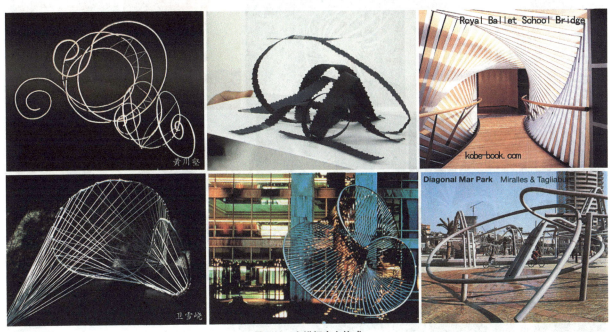

图4-11　交错组合之构成

(3) 聚集或发散组合

单元线通过聚集骨架，自然形成疏密的变化，密的空间显得很紧凑，疏的空间显得很舒展。单元形的形态特征不同，其结果也不一样。直线在聚集或发散的过程中可以进行方向的变化，聚散成具有曲面特征的造型；弧线的聚集或发散可以是线条的交错，也可以是线条的缠绕（图4-12）。

(4) 线框组合

有两种组合模式：线与线框的组合，线框的组合。

线与线框的组合构成　是利用线框的构造骨架与线的织面组合构造形成直面与曲面。线的织面节点连接与交接是形态设计的关键，连接方式主要有直面节点连接、圆锥面节点连接、旋转面节点连接、圆柱面节点连接、螺旋面节点连接等。通过线的织面材料、运动速度以及方向位置的变化，产生奇妙的立体造型。

线框的组合　是一些相同、近似或渐变的线框，在三度空间中进行各种骨架组合，显示结构美和秩序美（图4-13）。

造型基础 立体

图4-12 聚集或发散组合之构成

图4-13 线框组合之构成

4.4 线的综合构成之联想(图4-14)

图4-14 线的综合构成之联想

4.5 线的综合构成实验

4.5.1 实验6：空间中的线条

条件 利用两段40～50cm的铜线，6种曲线，以"空间中的线条"为主题，进行设计及制作。

目的 完成曲线的三度空间，从线条看上去应该是分别向空间内运动或从空间内向外运动。

步骤 首先，用一段金属线制作第一组的3条曲线。不要从底部开始向上制作，从顶部开始，设计要与底座有关。至于底部最终的形态得依靠设计者对结构的直觉来引导。不要从中性曲线开始进行，而从一个比较有特点的曲线开始进行，如反向曲线。

在设计及制作曲线时，不要只是简单地弯曲，注意控制它的弧度，要尽量利用金属线的张力来制作曲线。不要将曲线弯曲得太厉害。每条曲线应该保持在一个平面内。这样，当使用6条曲线时，将会得到6个方向。

当制作完第一条曲线，并且准备制作下一条旋转曲线时，要使此曲线相对于第一条曲线更有生气，切勿把它向四周推挤形成一个简单的圆圈，用尖嘴钳将此曲线轻轻地弯曲一个小角度，使它向另一个方向运动。或者还可以从一条反向曲线转而制作条直线，因为那样能形成强烈的对比。

当3组曲线生成后，分析一下从哪个位置看起来最好？在哪个位置它最有个性，并且最生动活泼？摆好后，把它焊接在3～5cm厚的木头基座上，或用锥子钻一个洞，将一条铜线固定于木头中。使金属线看上去像是从木头里长出来的一样。

接着，制作第二组中的3条曲线。在第二组曲线中设计一条最大的曲线，去补充和呼应第一组

《设计元素》 （美）盖尔·格里特·汉娜

图4-15 空间中的线条

中最大的曲线，并使它们之间的距离尽量大一些。并在它们之间建立一种张力联系。把大量的时间用在思考和推敲张力的感觉上，寻求一种紧张而平衡的视觉感受。

当把第二组中的3条曲线与第一组相结合时，应该从各个方向都建立方向力的平衡。不断转动你的作品，以便从所有的角度去观察它，一定还要从顶部看一下。只有当设计者对第二组的设计感到满意时，才能将第一组和第二组的末端焊接在一起，以获取优美的空间线条（图4-15）。

4.5.2 实验7：线的综合构成

要求 打破材料、工艺、肌理、色彩和质感的限定，结合上述几种不同的构成手段完成线的综合构成训练；要求能表达出比较明确的形态语义，可参考图4-16。

第4章 线的立体构成与风景园林设计

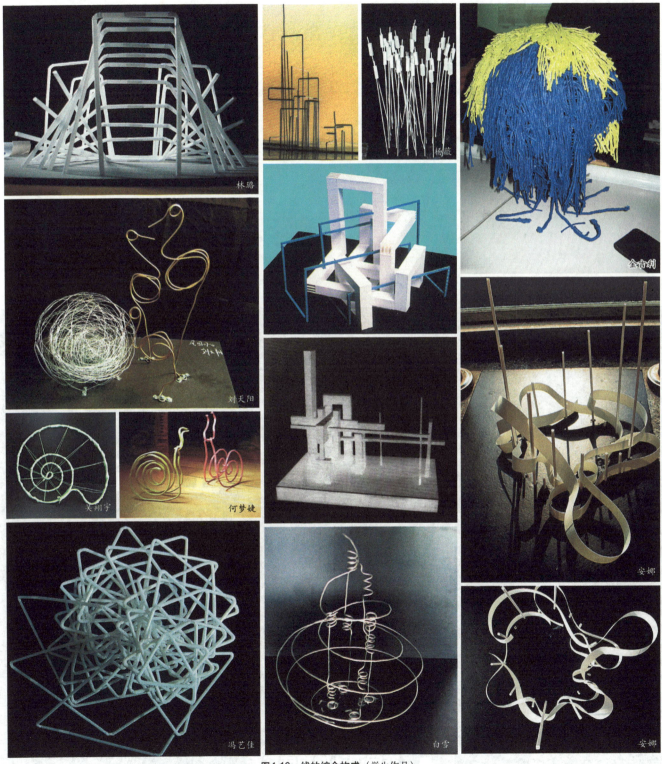

图4-16 线的综合构成（学生作品）

第5章 空间构成

第 5 章 空间构成

空和间就像天与地一样，天空是无限的，地是有限的、具体的，有平原、高山、盆地、丘陵、河沟、谷底等；地勾勒出天的轮廓，天陪衬地的形态，天与地共同创造美妙的自然构造和自然奇观。我们在研究空间构成时也是一样，不应把眼光局限在实体造型上，而应更多地关注那些空虚的形态。目的是发展空间意识，以及把空间作为设计元素时对它的控制和使用能力，习惯于审视空间的关系。

5.1 空间构成的基本要素

5.1.1 空间限定的要素

简单的线、面、体的形式，只能形成视觉的焦点，但不能成为限定空间的基本条件，限定空间一般需要具备以下三要素：

限定的形式　如天（顶面）、地（承接面）、物（围截面）等，它们决定空间的基本结构。

限定的条件　如形状、动势、数量、大小等，它们决定空间的表情效果。

限定的程度　如显露、通透、隐约、含蓄等，它们决定空间的虚实关系。

以上3个要素是不可分割的整体，它们共同构成空间的限定要素。

5.1.2 空间限定的形式

在空间限定要素之中，限定的形式是三要素的核心部分。下面针对具体的形式进一步分析。

(1) 天

限定空间的顶面部分，既有漂浮、俯冲之力，又有控制、庇护之势（图5-1）。其高度在空间的限定中起重要的作用，如果高度在整体比例中太低会给人压抑的感觉；太高时则给人虚幻、高爽的感受。

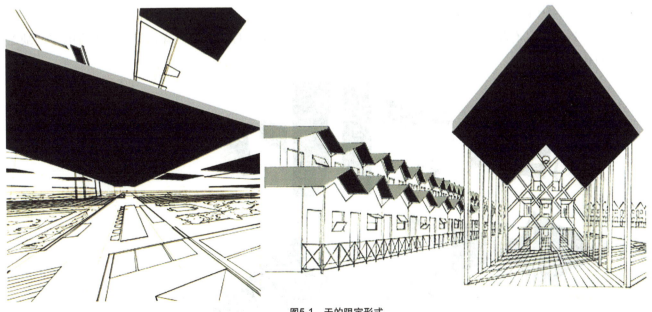

图5-1　天的限定形式

(2) 地

限定空间的承接面部分，既有起伏波动之力，又有平静和缓之势（图5-2）。局部处理承接面的空间变化可以起到划分区域和诱导的作用，如凸起部分给人生长之势，令人兴奋；凹陷部分给人隐蔽之势，令人冷静；架空部分给人探海之势，令人神往。

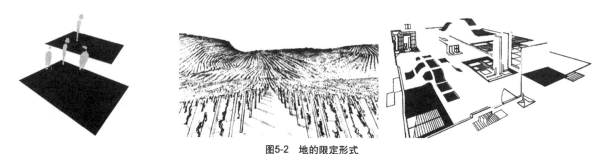

图5-2　地的限定形式

(3) 物

限定空间的围截面部分，主要有4种形式：竖段、夹持、合抱、围合（图5-3）。

竖段　在大空间中，竖段与面的设立相同；在小空间中，主要起阻截作用。大致有3种类型："｜"、"⊥"、"└"。"｜"的分隔能力与高度有关，低则波动、高则迂回且有庇护感；"⊥"是安静而愉快的空间，越接近空间的角落，滞留感越强；"└"是"⊥"的一部分，但迂回性更强，又有很强的诱导作用。

夹持　具有分流的作用，与承接面相结合有诱导之势，大致有"｜｜"和"／＼"两种类型。"｜｜"有很强的方向感，作延长处理可产生限定性的流动感；"／＼"能带来夸张或戏剧性的透视效果，产生趣味型空间。

合抱　具有拥抱、驻足之势。当面的长短分布不同时，驻留的形式也各不相同，如给人全封闭、半封闭半开敞或开敞的感觉。

围合　具有凝聚升腾之势。面的环绕状态不同，凝聚的程度也不一样，但完全围合的空间缺乏自由与生气。

图5-3　物的限定形式

5.1.3 空间限定的条件

在空间限定的条件中。形状与动势对空间的表情效果起主要作用,数量与大小对空间的精神感觉影响比较大。在此,侧重阐述形状与动势等如何产生空间的表情。

(1) 天

天即顶面空间,在空间限定中主要分为6种状态:平面、倾斜、隆起、下吊、错落、曲折等。平面状态可划分明确的平面界限,具有领域感和秩序感;倾斜状态在空间中具有很强的方向感,具有向高位的方向扩展感;隆起状态起着视觉焦点的作用,具有向心、内聚、收敛之感;下吊状态也有焦点作用,如中央下垂有离心扩散之势,也有聚合之力;错落状态是隆起与下吊两种状态的叠加,同时具有明确的空间划分感;曲折状态纵向有引导流动之势,横向有起伏变化的节奏,在空间中有很强的扩展感(图5-4)。

图5-4 天的空间表情

(2) 地

地即承接面空间，在空间限定中主要分为4种状态：平地、高低起伏、台地、斜地等。平地状态使人感到轻松、自由、安全，但需要适当的垂直限定，否则容易产生空旷与孤寂感；高低起伏状态给人以丰富的表情，起伏平缓时给人轻松感和美的享受，起伏陡峭时则让人兴奋；台地状态层次丰富、视野开阔，容易构成统一的视觉形象和引人注目的透视线，但如缺乏高度的变化或适当的屏障，容易带来不悦的视观感受；斜地状态具有明确的运动导向和强烈的流动感，有很强的动态特征，角度和坡度是此空间限定的主要因素，若处理不当将给人不舒服或不安定的感受（图5-5）。

图5-5 地的空间表情

(3) 物

物即围截面空间，其空间限定的状态与形式一样丰富，归纳其规律，可用两种状态进行阐述：弯曲和倾斜（图5-6）。

弯曲状态在地面的投影也为弯曲状态，柔和而富于动感；两个以上不平行弯曲的柱面组合时，若相向，有封闭感、驻留感；若相背，则有迅速通过的疏散感。两个平行弯曲的圆柱面，具有强烈的引导性和有趣的流动感。

倾斜状态与地面非直角相交。大于45°，空间兼备"天"和"物"的作用；小于45°，则易成

图5-6 物的空间表情

为"地"。仰斜使人产生崇高、敬仰感;俯斜使人感到慈祥、亲切。两个平行或非平行的立面,向内倾斜时封闭性增强,有庇护感;向外倾斜时封闭感减弱,虽然开朗却有沉重感。

限定空间的数量和大小主要影响空间的精神感觉。单一的空间主要起到引导主体视线运动的作用,而多数的空间组合除了造成视线运动之外,还能产生节奏、秩序等时间变化。大空间使人感到不可控制,产生崇高、敬仰的感情,比例得当的小空间则给人亲切、宁静之感。

5.1.4 空间限定的程度

在限定的程度中,主要处理空间的虚实关系。虚空间主要由线性的材料进行排列,其限定的程度依据线材的粗细、疏密、多少。实面如果高阔,则被限定的空间给人完全断绝或凝聚不动的感觉,为了透气,常需要增加显露或通透的变化,如开洞、半隔、凹凸、透射等(图5-7)。

图5-7 空间的限定程度

5.2 内空间构成

内空间指其空虚形态能够让人进入并从事各种活动,内空间及包围空间又被空间所包围。

5.2.1 内空间的基本类型

内空间看成是一个6个面的盒子时,随着围截面的数量的变化,可出现6种基本类型:四围皆空、一实三空、平行式二实二空、成角式二实二空、三实一空、4个实面等。四围皆空有俯冲和升扬之势;一实三空有俯冲撞击、反射、扩展和升扬之势;平行式二实二空有俯冲夹流、快速升扬之势;成角式二实二空有俯冲撞击和强行转向升扬之势;三实一空有俯冲、涡流、返回升扬之势;4个实面有收拢和驻留之感。

5.2.2 内空间的分隔

为了寻求空间的进一步变化,通常采用分隔的手段,主要有竖向和横向两种方法。在分隔的时候,需要注意3个方面:①分隔的形式必须在尊重整体性原则的基础上展开,不可以孤立地分隔空间的限定要素;②需要确定空间的主次关系,在统一中求变化;③要强调空间的部分与整体之间的紧密关系(图5-8)。

横向分隔 与竖向分隔的区别点在于横面长度大于竖面的长度,同时不是通隔面。根据其高度的不同,分隔的效果也不一样,分隔的位置较高时,分隔面的下空间与主体空间融为一体;位置较低时,分隔面下的空间具有相对的独立性。横向分隔的形式可以是单面、对面或环形分隔等。

竖向分隔 又可分为通隔和半隔两种手法。竖向通隔指的是分隔面从"地"直通到"天";竖向半隔是分隔面只占据空间的一部分。在分隔的材质上可以是实面、虚面、线材或透射材料等。

图5-8 内空间分隔的实例

5.2.3 内空间的组合

内空间的组合丰富多彩，具有明显的特征：每个空间均具有相对的独立性；同时各个空间之间又相互连贯，彼此交互。

内空间的组合形式主要是接触式组合，分为点接触、线接触、面接触和体接触，其中，体接触的空间变化最为丰富。

(1) 两个单一内空间的组合

这是组合的最基本形式。从抽象的平面概念理解可分为：接触、叠加、透叠和覆盖等多种基本型。下面将着重解释透叠和覆盖两种基本型（图5-9）。

①透叠　指的是内空间有一部分空间区域相重叠，成为共有区域或共享地带，对此空间进行不同的处理手法，将出现不一样的空间关系——共享、主次、过渡。

共享关系　两个空间叠加在一起，在维持各自空间形状特征的同时，共享它们透叠的空间。透叠空间需要具备"天"和"地"形式限定，但"物"的限定可有可无，如有"物"的限定也只能是半分隔状态。由于此空间具有共享的特性，会给人暧昧、多义的空间感觉。

主次关系　两个空间叠加在一起，透叠的空间与其中的主空间联合，成为新的空间形式，同时保持主空间的特征及完整性。另一空间则被减缺，变成从属关系。

过渡关系　两个空间叠加在一起，透叠的空间具有相对独立的个性，成为两个空间的衔接部分。

②覆盖　指的是两个大小明显不同的内空间叠加在一起时，体积大的空间将体积小的空间包容在内，形成视觉和空间的连贯性和整体性。

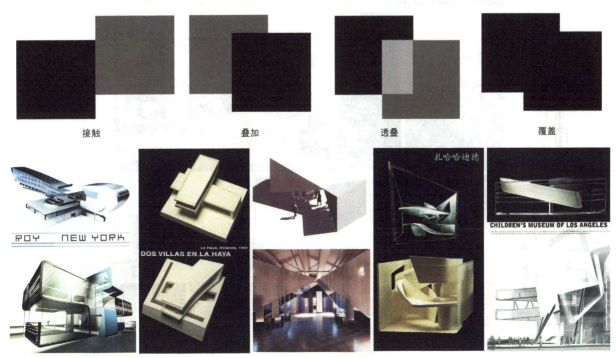

图5-9　两个单一内空间的组合实例

(2) 多个单一空间的组合

这是空间组合的复杂形式,可产生单一的内空间,也可以组合成复合的内空间。从组合的方式上可归纳为线性组合、中心式组合和网格式组合(图5-10)。

线性组合空间　具有鲜明的节奏感以及运动、延伸、增长的意义,有扩展的灵活性,有利于其空间的发展性。既可水平方向组合,又可垂直方向垒积,更可以以某个水平组织为单位再沿垂直方向重叠组合,或将某个有高度的空间组织沿垂直方向重叠组合。无论线型简单或者复杂,都需要明确的方向和主线。其中,为了强调重要的空间单体,常放置在系列的中央、端点或系列的转折处,以丰富系列的节奏。

中心式组合空间　主次分明,层次清晰。一些次要空间围绕一个中心的主导空间,称为聚中式。聚中式是一种稳健的向心式构成,能体现出神圣、尊贵的表情。把次要空间以线性放射式从一个集中的核心元素向外扩展,称为放射式。放射式在总体上是一个向外与其周围发生关系的外向组

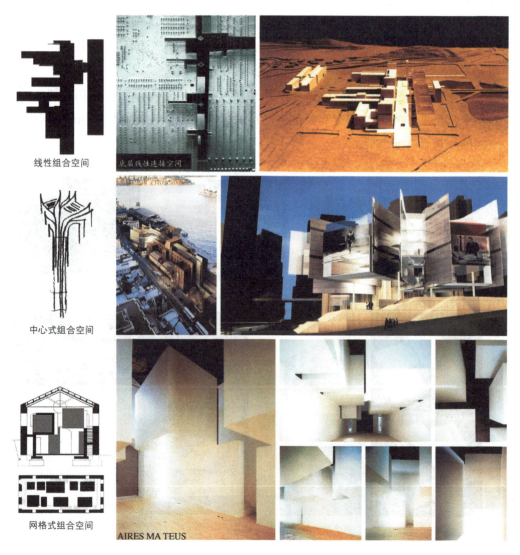

图5-10　多个单一空间的组合实例

织，是聚中与线性的加法组合，常能保持静态或动态的均衡，表情生动活泼。

网格式组合空间　空间关系均衡，强调整体的秩序感。网格由结构轴线交织构成，当平面网格向第三度方向伸展后即产生空间的网格。它赋予空间以秩序性，使构成的空间单元系列产生内在的理性联系，是感性和理性的自然糅合。

5.2.4　内空间构成的艺术法则

动线　空间动线可以分为两种形式：对称与不对称。无论哪一种空间动线，都应避免逆程序的现象，为此，一般均按环状布局。另外，动线不能太直，以充分发挥空间的流动性。

序列　一个较为复杂的空间组合，往往需要有前奏、引子、高潮、回味、尾声等。创造空间高潮多通过对比手段，如体量对比、明暗和虚实对比、形状对比、方向对比、标高对比等。而重复或再现则能够形成统一、强调和回味。

横向渗透　横向相邻的两侧空间在视觉上相互连通、相互因借，从而丰富空间的层次和变化，增强空间的韵味。

5.3　外空间构成

外空间是没有"天"限定的空间。由于主体空间是站在空间体的外部看其外表形态并领略许多空间体作为分离限定的效果，所以，外空间的组合较为自由，动线是外空间构成的骨骼。由于观赏距离变大，应强化材料和表面视觉效果；由于自然形态的参与，使空间效果更加丰富。

5.3.1　外空间的基本类型

大致分为收敛空间和扩散空间。收敛空间是周边有明确的边框并向内作分隔的空间，其构成方法是分区进行组织的。扩散空间是从内侧向外增加、扩展的，其构成手法是从空间体展开并形成脉络的。无论哪种构成手法，均以动线为骨骼。

5.3.2　外空间的动线

动线既是功能上的需求，更是空间美学的评判点。力的连贯性是构成动线的主要依据，主要是根据平面结构创造的。平面结构比较复杂时应找到各个内力的合力来控制整个系统的整体性。当各种空间体（形式需统一）依据动线作密集构成时就形成动线空间。

5.3.3　外空间的组合

外空间的空间体很少有独立存在的形式，或多或少都要与周边的环境或构筑物发生关系。所以，在设计时外空间的主体与周边的环境都要被抽象成空间体来对待，进而进行构成组合。其构成逻辑是：首先，无论空间体是简单的，还是复杂的，均将其抽象成简约的结构空间体；再次，分析空间的组合形式，如围合、合抱、夹持或组团式的组合形式（图5-11）；最后，将各种组团集合，并构成更大范围的空间群落。

①围合式外空间组合　空间体围合出中心开敞的外空间，形成较强的内向性外空间，但需保持视线的穿透性。

图5-11 外空间的组合形式

②合抱式外空间组合 空间体围合出半开敞式的外空间，所构成的空间具有很强的方向性和合抱感。但要避免开放空间的比例过大，否则空间的特性和围闭感将减弱乃至消失。

③夹持式外空间组合 大致可归纳为直线夹持式外空间和曲线夹持式外空间。

直线夹持式外空间 由空间体夹持出长条或狭窄状的外空间，在一端或两端均有开口，其特点之一是空间的焦点集中在空间的任何一端、具有较强的导向性。

曲线夹持式外空间 由曲线夹持出弯曲、波动或带圆弧转角的外空间，具有很强的动线和流畅感，各段空间时隐时现，充满韵味。在此类空间中，视觉关注点随着空间的变化不时变化，给人出乎意料的感受，带给人趣味感和迷人的感觉。

④组团式空间组合 类似于平面构成的密集构成，显得更为自然，其空间体量一般较小、较多，无封闭感，给人亲切、轻松的感受。

5.3.4 外空间的组合链接

(1) 空间体与虚空间的主次转换

空间组合时，将形成实体和虚体正负反转共生的统一体。所以在考虑空间组合时，不仅要考虑

图5-12 空间体与虚空间的空间表情

空间的组合形式，还要考虑所限定的虚体形态。但是，空间体或虚空间在视觉中并非同等。虚空间中布置一个主导性的空间体，一般来说较大的、较对称的和靠近虚空间中心的空间体显得比较重要，会成为一个支配虚空间的形体。相反，较小的、不对称的和在虚空间一侧的空间体，则会使虚空间处于支配地位。在外空间的组合构成中，空间的主导是空间体还是虚空间，其空间表情会存在很大的差异（图5-12）。

(2) 以虚空间为主的密集组合

以虚空间为主导的空间密集组合，大致可分为动线空间和中心空间两种组合形式（图5-13）。

①动线空间组合　指的是以动线为前沿界限来组合空间体。重点在动线上的空间结构和竖向设

图5-13　以虚空间为主的密集组合案例

计上,在设计时需要注意以下几点:

——明确动线的主次关系,在主动线上,设置主要的结构空间和竖向变化。

——避免一侧有强烈轴线感的大结构空间,否则,为了取得平衡还需要在对应方向增加等分量的因素。

——为了获得视觉的焦点,可从高度或平面布局上进行处理。如将主要的空间体高于整体的天际线;也可以在平面布局上让主体前置于或后退于动线空间中,形成线围合点的焦点作用。

——在动线或视线转换方向的起点、焦点或终点处,设立空间体或装饰物加以强调。

——强调动线上的空间节奏感和韵律感。

②中心空间组合 指的是虚空间具有明确的凝聚力或向心力。重点在中心空间的凝聚感的处理手法上,具体如下:

——中心空间既要有整体感和围合感,又不能过分封闭。

——为了营造中心空间的生动性和丰富性,需要关注围合出中心空间的空间体的结构部分,它们需根据整体的空间结构特征做相应的变化。

——为了使中心空间获得整体感,必须谨慎处理主空间与次空间之间主次和围合关系。如扩大主空间的面积,建立明确的中心空间;或减少次空间的面积,使其无力与主空间相抗争。

(3) 以空间体为主的密集组合

在外空间中,以空间体为主体的密集组合,其虚空间主要起到链接和整合的作用。空间体与虚空间之间在使用功能上是相对独立的,但它们共同组合成一个整体或组群(图5-14)。需要注意以下几点:

①空间体与动线的关系 以扩散空间类型为主的组合,主体空间的扩散性是由内空间逐步往外空间渗透和扩展的,动线的组织也是由空间的限定而展开扩散的运动组织的。

②空间体与虚空间的布局 空间体与空间体之间围合出的虚空间,既是被动的状态,也可以转被动为主动,在空间中起到积极的作用,但需要明确虚空间的层次关系。

图5-14 以空间体为主的密集组合案例

第 5 章 空间构成

图5-15 以"地"为主的多数空间体组合案例

101

③空间体的主次关系　要有明确的动线引导或者由虚空间来进行暗示。

(4) 以"地"为主的多数空间体组合

不同承接面高度的空间组合，常带来戏剧性的效果。特别是在同时运用组团式空间构成手法时，两个相连空间的承接面竖向变化，不但能提高特殊空间体的趣味，而且还会提高空间本身的价值。比如，架空动线与局部承接面的连接，将形成多层化的竖向关系，带给人情趣感（图5-15）。

5.3.5　外空间构成的艺术法则

外空间构成的艺术法则中除了与内空间构成的艺术法则相同的三点外，还需要注意以下三点：

①流动的天际线　在外空间中，主体的视野开阔，由于人尺度的问题，看到的空间体是从某个组团式空间体的组合逐步看完整体，流动的天际线成为外空间重要的视觉要素。因此，流动的天际线必须具备统一的风格，如统一的围截面，统一色彩、肌理、尺度、细节处理等。同时重视每个空间段落的创造，以组成整体凝固的音乐旋律。

②空间层次　空间层次能形成美丽的旋律，如采用渐变的手法或增加过渡性的空间来加强其节奏感，使空间呈现丰富的起伏变化。

③引导与暗示　空间的引导是根据不同的空间布局来组织的。一般讲，规则的、对称的布局，常常要借助于强烈的主轴动线来形成导向，主轴动线越长，主轴动线上的主体就越突出。自由组合布局的空间，其特点是主动线上的主动线迂回曲折，空间相互环绕，活泼多变。

5.4　空间设计的构成实验

空间设计的构成实验将建立在以上对空间的理解基础之上，在高度概括抽象的立体思维的过程中，进一步打破空间和其他各种要求的限定，使空间创作更为自由。然而，空间创作的方法很多种：有计算式的创作手法，也有分析式的创作手法，或突发奇思妙想的创作手法等，但不管哪一种创作手法，都需要建立在对空间的深刻理解之上。因此，在设计之初，培养对空间创作的兴趣和对空间的理解是非常重要的。

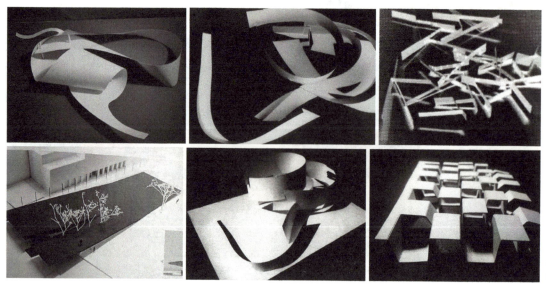

图5-16　摆弄手中的工具和材料

5.4.1 空间创作的大致流程

首先，使自己置于有创作欲望的工作环境中，有能随心所欲使用的工具和材料，尽情地放松心情和排除杂念，根据个人情况营造属于自己的思维创作空间。

再次，摆弄手中的工具和材料。如利用卡纸、展板、包装盒、塑料、瓶盖等任何一种可以表达你想法的材料，在一个自己假想的情趣空间中，制作一些三维草模，可以非常随意，但需要不断地想象和假设，不断地推敲：空和间的关系？实和虚的关系？主和次的关系？人和物的关系……在这个阶段不用考虑特定实用设计，充分发挥空间的想象（图5-16）。

接着，选择任何一个使人兴奋的空间体作为创作出发点，并假想空间体的主题，在主题内容上尽量发挥，但不要受制于功能的限定，如一个画廊、一个剧场、一个住宅（图5-17）。

接下来，进一步确定主题与空间的关系，推敲空间体的造型关系，处理空间的情绪品质，完善各形式元素间的联系和空间动感。在推敲的过程置入相对比例关系的模型人，作为判断空间尺度的依据，有助于把握空间造型的比例关系（图5-18）。

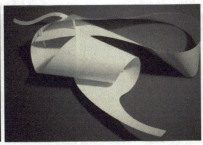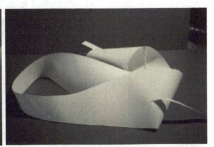

图5-17 选择感兴趣的空间体进一步分析

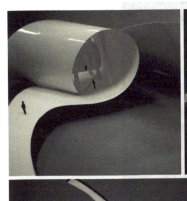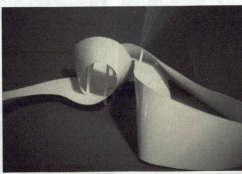
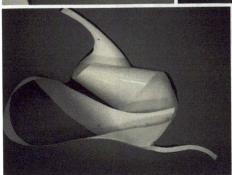

图5-18 三维模型的推敲

最后，进行一些细节和局部的节点推敲，用推敲出来的比例、大小和姿态，进一步地丰富空间的形式语言，整合到大的空间中，完成空间设计的创作（图5-19）。

通过以上的训练，我们开始进入空间的创作。

5.4.2　优秀作品展示

除了不断地动手进行大量的创作实验外，还需要解读大师创作作品的理念、创作过程和作品表达形式，这将更深层次地开启我们的设计之门（图5-20，图5-21）。

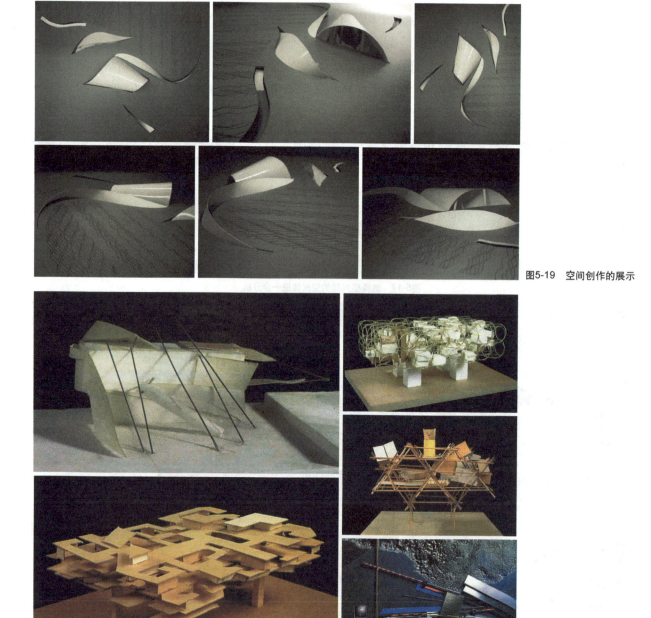

图5-19　空间创作的展示

图5-20　空间设计之草模

第 5 章 空间构成

图5-21 拉维莱特公园的创作过程展示

105

第6章 综合立体构成与风景园林设计

- 综合立体构成的解析原则与方法
- 实验8：综合立体构成
- 实验9：向建筑大师学习综合立体空间构成
- 综合立体构成在风景园林中的应用

6.1 综合立体构成的解析原则与方法

美是个抽象而复杂的概念，无法完全用规律诠释，同时随着时代的发展，美的意识也与时俱进，受社会大环境和人的感知深度的影响。但在美的形态规律中，还存在一些共性的原则，在掌握它们的基础上，可以举一反三，创作更多美的作品。

立体构成与平面构成在形式美的法则上有很多共同的东西，如在对称与均衡、统一与变化、对比与和谐、节奏与韵律、比例与尺度、简约与夸张、个性与共性中寻求辩证统一的关系（具体详见《造型基础·平面》的形态构成法则部分）。在此，主要强调解析立体构成作品的原则与方法：明确目标、解析造型、吻合主题、满足视觉心理。

6.1.1 明确目标

立体构成是造型艺术重要的基础组成部分，从作品的完成度来讲，也算是现当代艺术的一种类型。它随艺术的新探索而逐渐形成和完善，如经历了"对自然的抽象和模仿——以自然形态为抽象依据——自由随性地创作"的发展历程，最终发展成造型艺术创作之初的抽象表达和艺术追求。因此，立体构成的抽象性、创造性是其创作的本质。

为了对立体构成的抽象性和创造性进行深化理解，在回顾以往发展演绎过程的同时，还要进行相关的构成试验：如对自然因素单纯而原始的模仿（以达芬奇为代表的艺术创作行为）；捕捉千姿百态、不断变幻的景象（印象主义的创作历程）；将景、物割裂，变形为一系列抽象的、平面的"形"，再将这些"形"综合成整体，或进行二次"拼贴"（以毕加索和勃列克为代表的立体主义）；走向全抽象的结合艺术，强调体量、容积和空间，放弃主题寓意（立体主义雕塑）；构成作为一门学科被独立出来（包豪斯时代）；立体构成成为造型艺术基础的重要组成部分，强调构成艺术的"抽象和简化"，追求"纯洁性、必然性、规律性"（现代艺术）；利用光、色、形和结构来进行纯粹的创造（当代艺术）等。对立体构成的发展历程和造型的演绎过程的理解有助于我们进一步解读立体造型艺术在认知与实践上的挑战，这正是解读立体造型艺术的首要目标。

6.1.2 解析造型

立体构成创作的难点主要在于"抽象性"和"创作性"。首先，对其造型的理解和抽象，需要建立在对自然的理解、感悟、模仿的基础之上；再次，实验练习大多建立在先辈经验的基础上，使其创作和解读能有规矩可循，有依据可导，也就是上篇简述的立体构成手法，但又要在此基础上寻求突破、追求创新；最后，所创作的作品要遵循最基本的形式美法则，以达到良好视觉效果。这3点既是创作作品的基础，又是对创作作品解析的依据。

(1) 解读大自然

大自然是最伟大的造物者，为我们展示了丰富多彩的造型艺术，它潜移默化地影响着人们的视觉惯性和审美情趣。因此，对大自然的解读是造型基础的重点之重，它是我们取之不尽、用之不竭的创作源泉。具体解读方法详见《造型基础·平面》。

(2) 构成手法

形的基本要素　包括点、线、面、体，各自有虚实之分，彼此间又可相互转化。

形的基本单元　具有一定几何规律的线、面、体。

形与形的基本关系　分离、接触、联合、覆盖、透叠、差叠、减缺、重合等。

形式构成规律　单元形基本构成、重复构成、特异构成、聚集构成、渐变构成、分隔构成、空间构成、变形或解构构成等。

(3) 形式美法则

形式美法则追寻对称与均衡、统一与变化、对比与相似、节奏与韵律、比例与尺度、简约与夸张、个性与共性等之间辩证统一的关系。除此之外，在现代"视觉暴力"的社会背景中，一些美的法则也是与时俱进的，如"简约之美"、"解构之美"、"和谐之美"、"残缺之美"等。

简约之美　构成源于"简"，但不是简单或者单调。在创作之初，"简"有助于更好地把握造型的第一印象，如基本形简约到3种，基本要素简约到4种等，目的是让人能迅速地捕捉到造型的内在规律和展示重要的视觉印象；然后，在构成过程中逐步丰富，使复杂多变的结构简洁化、秩序化，使其增强视觉感，引人注目；最终，通过材料、工艺、肌理、色彩等手法完成既丰富多彩又统一的作品。

解构之美　简约之美让人们获得清晰的造型印象，而解构之美却与其相反，通过对完整形或简约形的破坏、分割，再次重新解构，在规律中寻求不规律、带着夸张的手法，然后创造新形，追求以"变"求活的审美情趣。

和谐之美　和谐之美是追求美的最高境界，是追求形式美法则的辩证与统一的最高法则，是在矛盾对立的双方有机地融合在一起时产生和谐的。它使各种多样复杂的因素统一在一个完整、明快、圆满的意境之中。这种和谐除了在视觉上对造型的结构、色彩、材料组成进行分辨之外，还要在复杂的"感觉效果"上形成"和谐感"。

残缺之美　残缺之美是相对于和谐之美而提出的审美情趣，在和谐中追求残缺的特异美。如在比例美的法则中寻求不和谐的比例点；在平衡中寻求不稳定的、动态的点；在节奏中寻求无秩序的状态等。虽然有一点点的不足或遗憾，但整体上给人以美的享受，并带给人以无限的联想和想象。

6.1.3　吻合主题

在创作作品的时候，尽量追求有感而发的创作动力，即造型艺术是有主题、有目标、有追求的，正由于这些主题使造型形态有血有肉，更趋于完整，使读者能清晰地理解创作目的及目标。

这就要求，除了展示最终的作品外，还应该有明确的创作源、创作主题、创作演绎过程、分析图、制作过程、表现过程等，使读者能清晰、明了地解读作品。创作源提出了创作的依据或原有；创作主题是在创作源的基础上提出来的创作点；创作演绎过程可使创作构思、创作过程更为直观，更易理解；分析图的顺序一般按照从大到小、由主及次、先实后虚的原则，从而进一步强化了"过程"概念，强调创作的特点及合理性；制作过程展示了如何把形象或思维过程通过具体造型表现出来，在这过程如何解决不断出现的问题或困难，是创作中最有挑战性的部分；表现过程把造型的特征充分地表现出来，使读者清晰明白创作的目的及意图等。

"用图说话"是本专业最恰当的表达方式。因此，尽量把创作的过程记录下来，这也有助于在审视自己作品的同时提供自我评判的线索。

6.1.4　满足视觉心理

以上3点为我们提供了作品易于把握和理解的原则与方法，这将有助于审视创作过程，不断地比较、分析、感悟、理解，提高自身的造型能力，创作出具有一定标准的"美的造型"。然而由于审美标准受制于读者的视觉心理、审美情趣、经验知觉和生活环境背景，除了视觉心理有一定的规律外，其它3点很难找到依据。

6.2　实验8：综合立体构成

要求　选择有明确意义和可操作性强的主题进行综合表现，如《生命之初》《阳光》《欢快的节奏》《庄严》《含蓄》等命题，通过造型和空间的语言明确地表现主题。面、块、线等综合空间立体构成类型明确，造型单元或造型形象清晰，应用立体构成规律和形式美的法则等进行综合造型创作（图6-1，图6-2）。可任选材料、工艺、色彩、肌理。

尺寸　控制在40cm×40cm×40cm。

造型基础 立体

基本类型：点、线、块综合构成
基本单元：立方体与立方柱
基本方法：单元的聚集
特点分析：
　　在这个作品中，有两种单元，一种是线状的立方柱，另一种是块状的立方台；当两种不同形状的单元体组合在一起时，需要确定如何处理两者关系的基本态度和手段。作者通过数量的多寡，确定了线状的立方柱的主导地位，块状的立方台起到辅助点点睛之笔的作用。同时所有的形体都集中暗含在正方体的空间内，使作品具有明确的骨骼感。大的黄色立方台起到了突出视觉焦点的作用，小的黄色立方柱起到了视觉平衡的作用

基本类型：线、面、体的综合构成
基本单元：块状正方体、线状立方体
基本方法：形体的减缺、位移
特点分析：
　　整个作品构造出虚实的空间感受，并以黑白作为视觉的引导，黑色的块状主导体与白色的线状立方线框构成整个模型的主构造；黑色的线状立方线框与白色的块状立方体共同减缺主结构体；你中有我，我中有你的构筑手法，使作品层次很丰富，但它们又具有相同的模数关系，使作品在变化中获得统一的视觉形象感

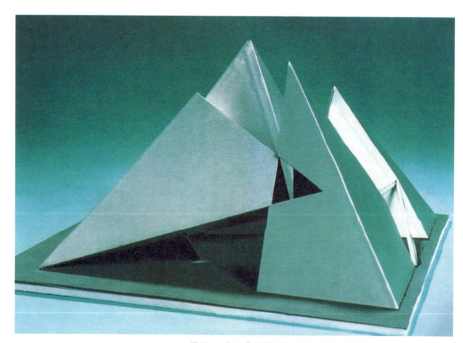

基本类型：线、面、体的综合构成
基本形：锥体、三角形、折线
基本方法：形的消减与减缺
特点分析：
　　四棱锥体被切割、消减。首先，锥尖被消减，形成4个新形锥体的顶尖；其次，锥体从中部被消减，形成新形锥体，并使锥体产生变异；然后将一锥体底部消减，使之虚实相间，稳中有变，并产生动感，同时，它又与相邻锥体形减缺，使造型更为通透、精致，从另一角度观看，体构成又体现出与线、面要素的关联，采用闪亮的银色材料制作，更为恰当地体现了锥体的结实和锥棱的挺拔

图6-1　作品内容的基本要求（引自《形态构成解析》）

第6章 综合立体构成与风景园林设计

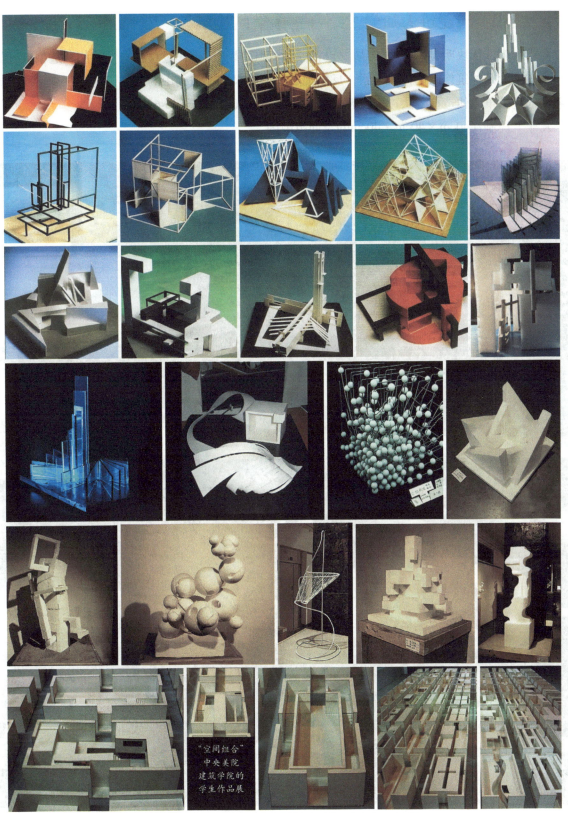

图6-2 综合立体构成参考图片

6.3 实验9：向建筑大师学习综合立体空间构成

要求 解读体块明显的建筑作品，分析大师的创作精神、创作过程、造型手法和造型尺寸等，进一步归纳大师建筑作品的体块关系，反复推敲比例与尺度在空间中的关系，同时注意体块的虚实关系。通过简单立体造型手法，再现大师作品造型构成（图6-3至图6-6）。

尺寸 控制在40cm×40cm×40cm的空间范围内。

图6-3 向建筑大师学习块的综合立体构成（1）（学生作品）

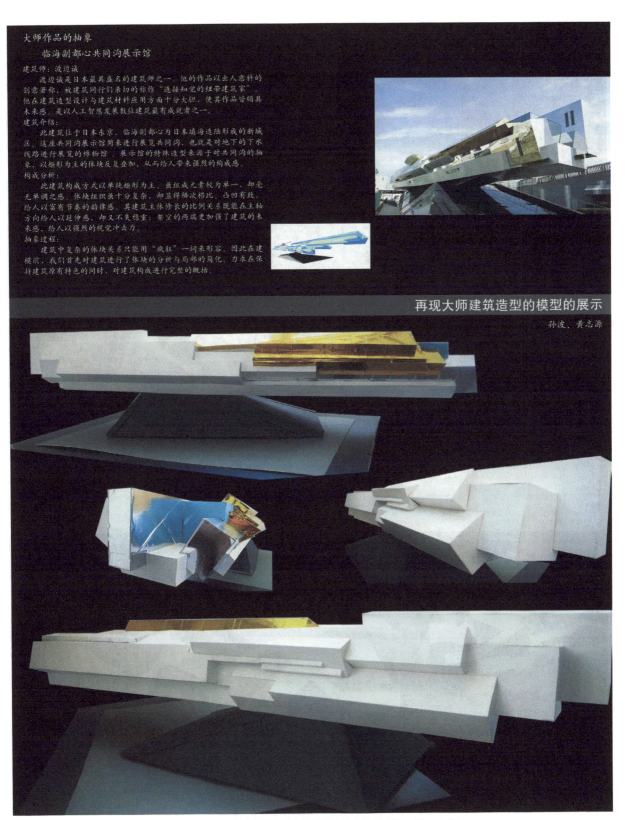

图6-4 向建筑大师学习块的综合立体构成（2）（学生作品）

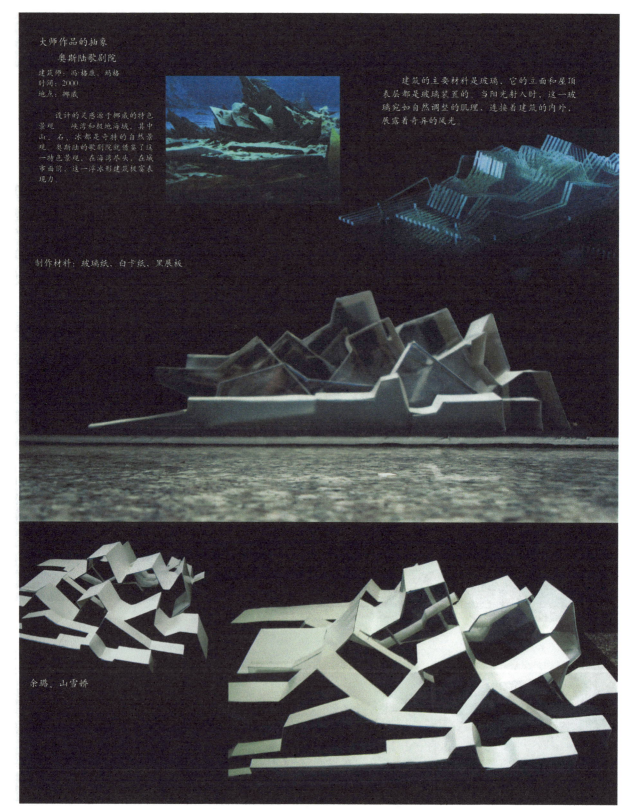

图6-5 向建筑大师学习块的综合立体构成（3）（学生作品）

第6章 综合立体构成与风景园林设计

图6-6 向建筑大师学习块的综合立体构成（4）（学生作品）

6.4 综合立体构成在风景园林中的应用（图6-7至图6-10）

图6-7　线为主的景观建筑作品

图6-8　线为主的风景园林作品

第6章 综合立体构成与风景园林设计

图6-9 线、面为主的风景园林作品

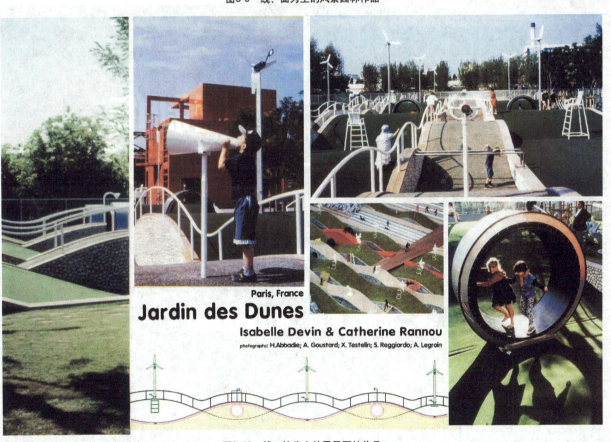

图6-10 线、块为主的风景园林作品

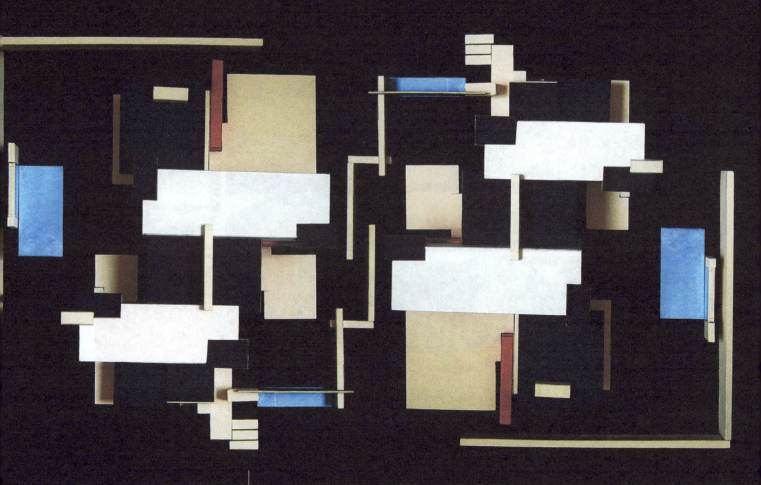

第7章　模型制作
——向大师学习

- 大地艺术模型制作
- 建筑模型制作
- 风景·园林·景观模型制作

向大师学习系列模型制作，将有助于进一步解读大师的作品，置身于与大师创作的场景中，理解、体会精华之所在。

7.1 大地艺术模型制作

(1) 要求

选择一位大地艺术家的一个场景作品，收集这个作品所有的相关资料，包括设计思想，基本造型(用平面构成、立体构成的方法进行抽象分析)，基地平面、立面、剖面图的所有尺寸、材质、肌理、色彩等内容，制订制作模型计划表。选择合适的材料进行形体的推敲。

(2) 作品的解读

作品名称　《观察台》（《瞭望台》）

设计师（艺术家）　莫里斯

时间　1971—1977年

项目概况　《观察台》作品处于大地艺术阶段的"大地中的展开"阶段。此阶段仍然保持大规模的形式、几何式的组成结构，且由于作品尺度的关系，都能与特殊的基地达到完美的结合。这些半建筑式的结构，与古代部落的纪念碑相似，都表达了被自然诸神保护的渴望，体现了其信仰以及视觉上的调和，具有戏剧性形式的语言、因袭的外表、早期大地艺术的神秘感。观者在作品中可以感受到与外界隔离的空间感受，同时可以根据艺术家指定的角度观察天相，感受时空的转变。作品的形式是介于雕塑与建筑之间的创作形式(图7-1，图7-2)。

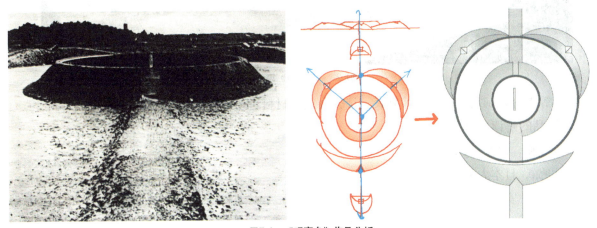

图7-1　《观察台》作品分析

7.2 建筑模型制作

(1) 要求

选择一位建筑大师的一个代表作品，收集这个作品所有的相关资料，包括设计思想，基本造型(用平面构成、立体构成的方法进行抽象分析)，基地平面、立面、剖面图的所有尺寸，材质、肌

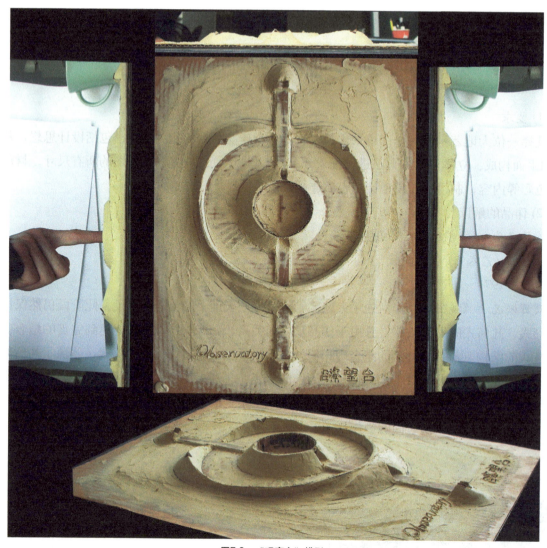

图7-2 《观察台》模型 刘毅娟

理、色彩等内容,制定制作模型计划表。选择合适的材料进行形体的推敲。

(2) 作品的解读(1)

作品名称 《光之教堂》

项目地点 日本大阪郊外

建筑大师 安藤忠雄

时间 不详

项目概况 《光之教堂》是安藤忠雄教堂三部曲(《风之教堂》《水之教堂》《光之教堂》)中最为著名的一座。安藤忠雄以其抽象的、肃然的、静寂的、纯粹的、几何学的空间创造,让人类精神找到了栖息之所。坚实厚硬的清水混凝土围合了一个纯粹的内部空间,根据太阳方位展开"光之十字"和节点的设计,那特殊的光影效果,使信徒产生了一种接近上帝的奇妙感觉——神圣,清澈,纯净,震撼(图7-3,图7-4)。

第 7 章 | 模型制作——向大师学习

图7-3 《光之教堂》作品的分析

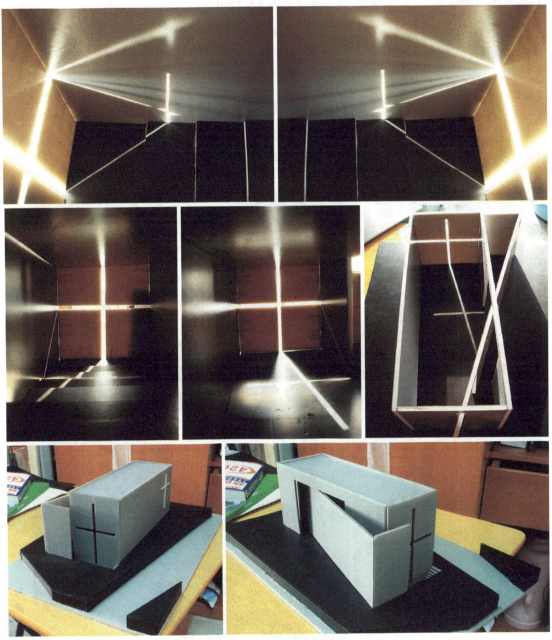

图7-4 《光之教堂》模型（学生作品）

121

(3) 作品的解读（2）

作品名称　《西雅图世界博览会联邦科技馆》

项目地点　美国华盛顿

建筑大师　雅马萨奇

时间　1959—1962年

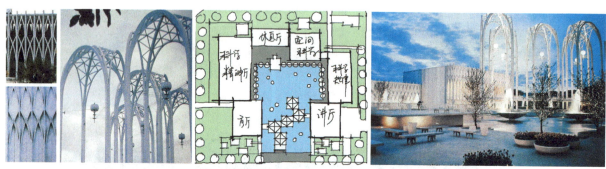

图7-5　《西雅图世界博览会联邦科技馆》的作品分析

《西雅图世界博览会联邦科技馆》　雅马萨奇

雷浩、梁晨、刘天阳

图7-6　《西雅图世界博览会联邦科技馆》模型（学生作品）

第7章 模型制作——向大师学习

项目概况　雅马萨奇是著名的日裔美国建筑师,他的许多建筑作品融汇了古今东西文化,并且有一种典雅、细巧的个人风格。雅马萨奇一生都在探索如何将美与功能在设计中最好地结合起来。西雅图世界博览会联邦科技馆与常见的西方展览馆不同的是,作者采用了将展厅环线院落布置的方式。院子中间大部分是水面,水面之上布置了曲折的游廊。前来参观的人首先经由水池中的亭、廊、桥,然后转过展厅依次参观,最后再经水池离去。水池的中央耸立着5个拱形高架,与展厅外墙上有意布置的尖拱形遥相呼应,造成一种哥特式的氛围,暗示着科学馆的展览内容(科学研究起源于中世纪的教堂)(图7-5,图7-6)。

(4) 作品的解读 (3) ——《皮欧神父教堂》

模型很准确地表现了皮欧神父教堂的图纸比例关系,很深入地了解作品的空间和尺度关系,同时细节和局部做得很到位,很深刻地理解大师的一些处理手法(图7-7)。

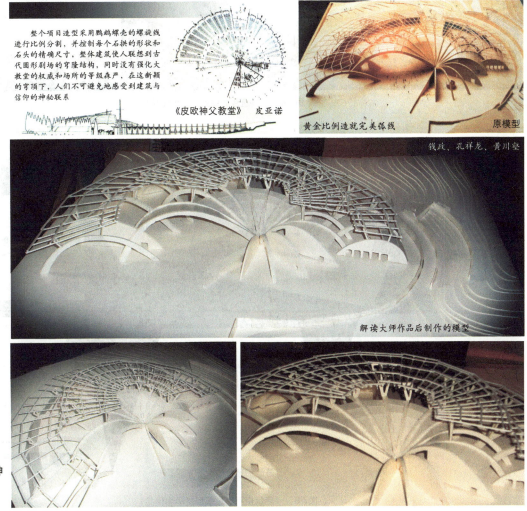

图7-7　《皮欧神父教堂》模型
(学生作品)

(5) 作品的解读（4）——《凤凰台》

通过模型的制作深刻地理解古建筑的空间关系、比例、构建手法等（图7-8）。

(6) 作品的解读（5）——《萨伏伊别墅》

模型精巧、生动、可拆卸，充分反映了建筑结构、比例、层次等（图7-9）。

(7) 作品的解读（6）——《海滨别墅》

模型精巧、生动、到位。无论空间、比例、节点、陈设、色彩还是材质都充分地反映了作者的设计意图（图7-10）。

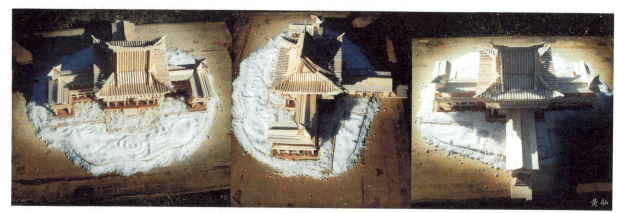

图7-8　《凤凰台》模型（学生作品）

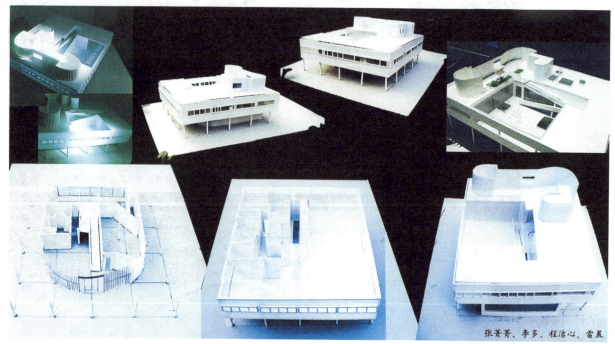

图7-9　《萨伏伊别墅》模型（学生作品）

第 7 章 | 模型制作——向大师学习

图7-10 《海滨别墅》模型（学生作品）

(8) 作品的解读 (7)——《施罗德住宅》

模型空间灵活多变，可自由拆卸，清晰地了解内空间与外空间的关系（图7-11）。

(9) 向建筑大师学习的模型制作样品大拼合（图7-12）

图7-11 《施罗德住宅》模型（学生作品）

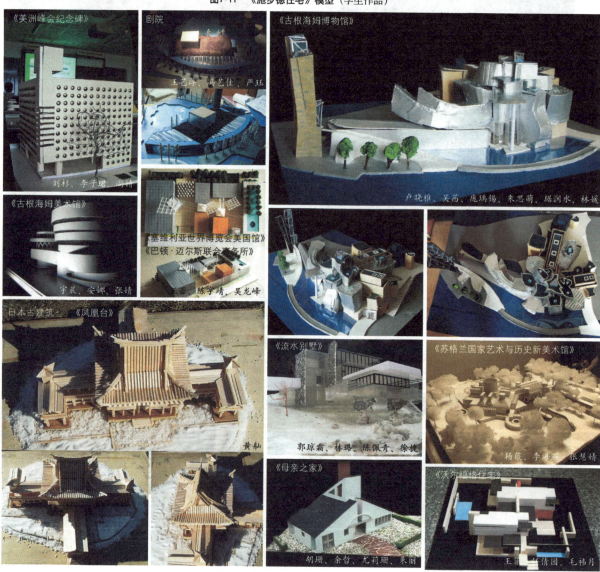

图7-12 建筑模型作品大拼合（学生作品）

7.3 风景·园林·景观模型制作

(1) 要求

选择一位大师的一个代表作品，收集这个作品所有的相关资料，包括设计思想，基本造型（用平面构成、立体构成的方法进行抽象分析），基地平面、立面、剖面图的所有尺寸，材质、肌理、色彩等内容，制定制作模型计划表。选择合适的材料进行形体的推敲。

(2) 作品的解读

作品名称　《格林埃克公园》

设计地点　美国纽约

设计师　Sasaki事务所

时间　21世纪90年代

项目概况　格林埃克公园是纽约市使用率最高的公园之一，每周的游客达1万人以上，面积只有网球场大小。公园运用植物和水景并结合地形，形成了丰富的多层次休闲空间。园区由两面水景、一栋建筑的墙面和一廊架的入口围合而成。廊架分割公园的内外空间，上五步台阶将进入园区主要休闲区，皂荚树遮挡了邻近的建筑物，但不影响阳光的照射。水从花岗岩砌成的景墙上奔泻而下；与中心水景相邻的亲水空间，使人们能与水直接接触；沿墙边有高台地的廊道空间，从这儿可以纵观整个公园并欣赏水景（图7-13，图7-14）。

(3) 风景·园林·景观模型作品（图7-15）

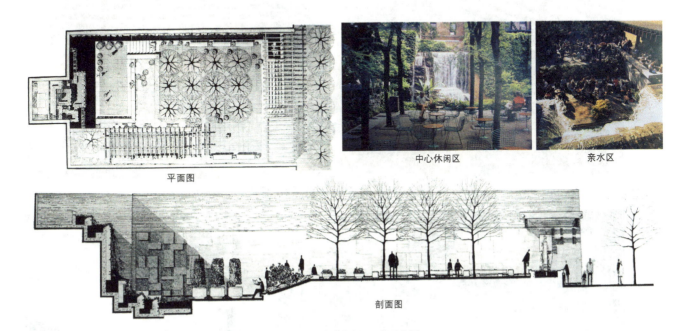

图7-13　《格林埃克公园》作品分析

图7-14 《格林埃克公园》模型（学生作品）

图7-15 风景·园林·景观模型作品（学生作品）

第 8 章　泥塑实验与艺术化地形设计

- 泥塑实验与艺术化地形
- 泥塑实验案例

泥塑实验是工作模型的一种表达方式，是艺术化地形设计思维演绎、蜕变的重要过程之一。它是一支三维的笔，通过泥塑实验可以提高设计的技巧和思维的深度。这里用的泥塑材料指的是雕塑专业用的油泥，有白、米黄、深灰三色。

8.1 泥塑实验与艺术化地形

8.1.1 泥塑实验

所谓的泥塑实验就是以具有"泥"相同特性的材料为对象，利用不同的工具对它进行形态、尺度、比例等实验性塑造活动（图8-1）。其基本特性如下：

①泥塑实验的材料从性状、质地、触感等都很容易联想到土地、大地等景观设计中的重要元素，因此，它是景观地形设计模型实验中最理想的材料之一。

②"泥"在模型材料中具有很强的可塑性和易修改性。根据塑造它的工具的不同可得出任意的形态；同时随着思维的演绎、推进可随时进行修改替换，这是任何材料无法媲美的。

③"泥"在模型材料中具有很强的兼容性和经济性。由于它的粘合性和可塑性很容易与其他材料结合，丰富了设计技巧。

④设计师在泥塑实验过程中，可以反复变换角色，时而鸟瞰，时而走到空间里去，时而从邻里观看等，这个过程是真实的三维空间的联想与设计，从而促进了作品的演绎。

⑤在泥塑实验中，其材料性质、创作手法、思维过程会对艺术化地形设计产生有意或无意的刺激，并带来幽默的或意想不到的效果。

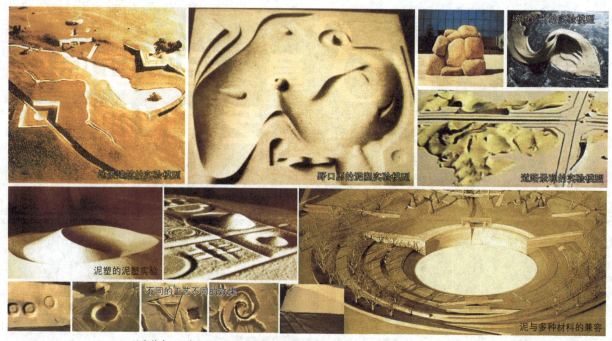

泥塑特点：可塑性强、易修改、兼容各种材料、很经济、容易操作、灵巧、自然、偶发

图8-1 泥塑实验的特点

8.1.2 艺术化地形

艺术化地形设计是21世纪以来备受关注的设计手法，它通过艺术创作思维及手法来改变地形地貌，是现代景观设计中地形设计的一种手法。其中以查尔斯·詹克斯为首的设计师共同创作的大地景观就以其艺术化地形处理而著称（图8-2）。

图8-2　查尔斯·詹克斯等人的作品

艺术化地形设计中有两大重要环节：

(1) 设计的思维

艺术化地形的设计一方面是设计师最初的概念，另一方面则受限于特定场所的环境，而泥塑实验能促进从"概念"到"成果"的演绎、蜕变过程，促使设计的作品更加合理及艺术化。

(2) 设计的形式

设计的形式大致可分为自然形（图8-3）和几何形（图8-4）。

图8-3　自然形的艺术化地形

图8-4 几何形的艺术化地形

8.1.3 泥塑实验与艺术化地形设计的关系

泥塑实验能促进艺术化地形设计的思维演绎的过程。泥塑实验所具有的性状、质地、触感、可塑性、修改性、兼容性和经济性等特性能随机且快速地进行形态、空间之间、尺度、比例的推理及演绎。

泥塑实验能促进艺术化地形设计的思维蜕变的过程。

8.2 泥塑实验案例

8.2.1 案例1：青岛电影学院的景观设计（图8-5）

  主题 波动的绿浪

  设计 刘毅娟及北京凹凸地景

  设计思想摘要 这是一个用"斯土斯景"①的景观设计理念来营造校园景观的案例。设计灵感及理念来源于对基地特有的土地特征、人文环境及可感知的自然元素、自然过程、自然法则的综合分析。作者试图利用"波动的绿浪"艺术化地形改善基地，使之成为适于校园环境的生态系统，同时与瑞士建筑大师赫尔佐格和德·梅隆提出的"海上飘来的枯木"的建筑理念相统一。设计方案在尊重创意媒体学院这一特殊使用群的同时，使大地景观似乎是从这块土地滋生出来的一样。

  设计时间 2005—2006年

第8章 泥塑实验与艺术化地形设计

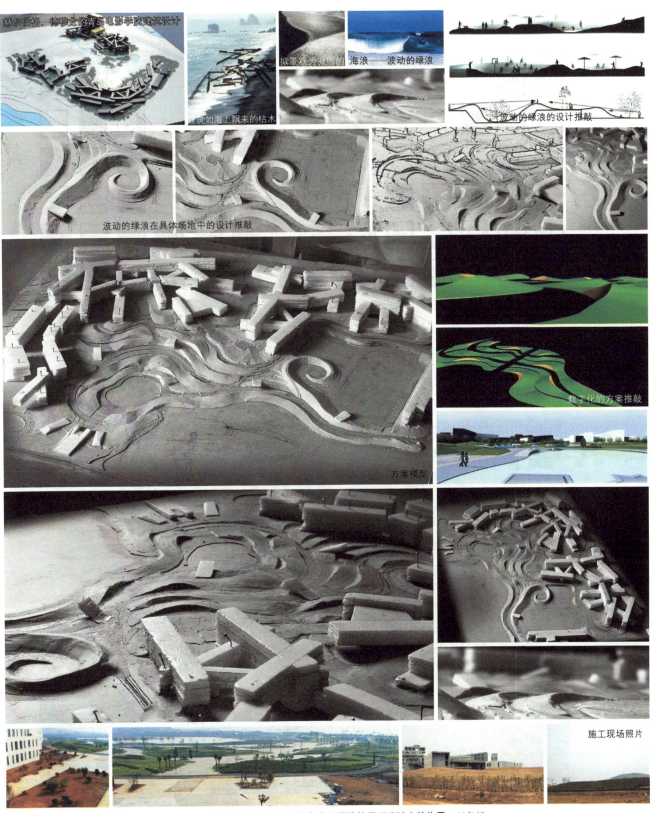

图8-5　泥塑实验在青岛电影学院的景观设计中的作用　刘毅娟

8.2.2 案例2：唐山地震公园竞赛方案（图8-6，图8-7）

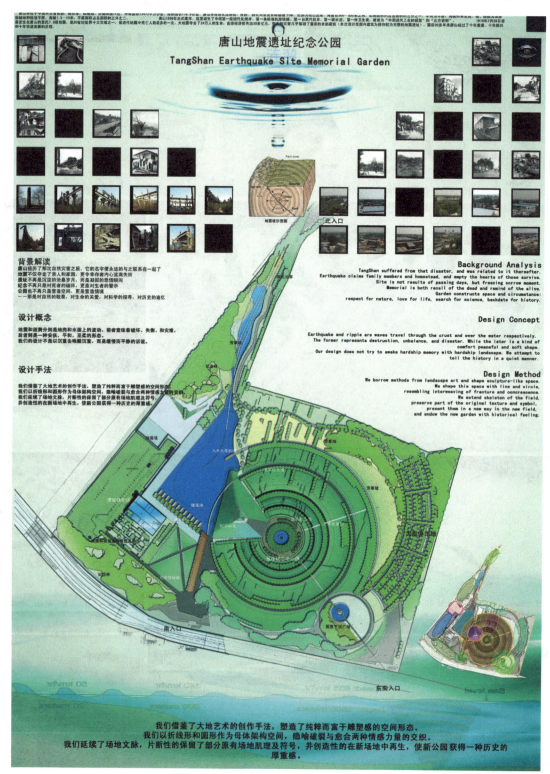

图8-6 唐山地震公园设计竞赛方案(1)　刘毅娟、高志红

第 8 章 泥塑实验与艺术化地形设计

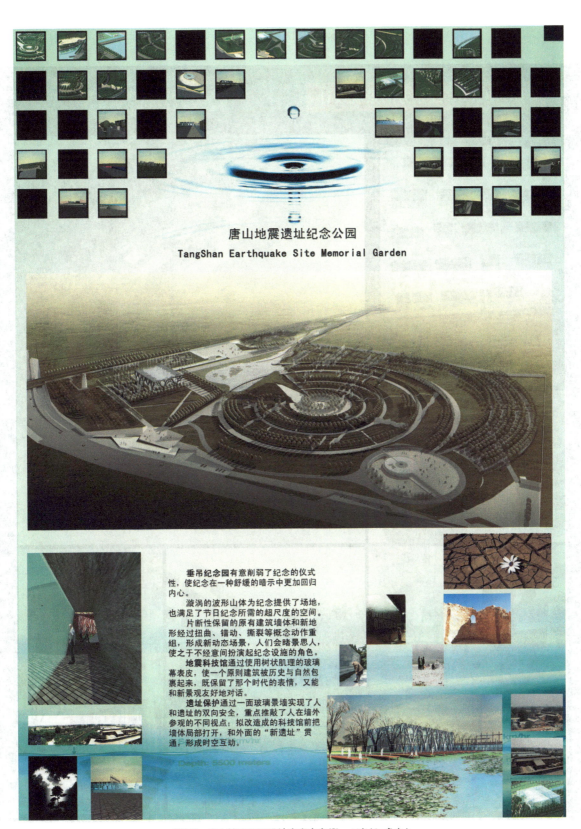

图8-7 唐山地震公园设计竞赛方案(2) 刘毅娟、高志红

8.2.3 案例3：红东方社区的景观设计（图8-8）

图8-8 泥塑实验在红东方社区的景观设计中的作用　　刘毅娟

参考文献

1. 尹定邦. 2000. 立体材料构成[M]. 沈阳：辽宁美术出版社.
2. 韩巍. 2006. 形态[M]. 南京：东南大学出版社.
3. 弗兰克·惠特福德 (Frank Whitford)（英）. 2001. 包豪斯[M]. 林鹤, 译. 北京：生活·读书·新知三联书店.
4. 莫里斯·德·索斯马兹 (Maurice de Sausmarez)（英）. 2003. 视觉形态设计基础[M]. 莫天伟, 译. 上海：上海人民美术出版社.
5. 辛华泉. 形态构成学[M]. 1999. 北京：中国美术学院出版社.
6. 田学哲, 等. 2005. 形态构成解析[M]. 北京：中国建筑工业出版社.
7. 盖尔·格里特·汉娜（美）. 2003. 设计元素——罗伊娜·里德·科斯塔罗与视觉构成关系[M]. 李乐山, 等译. 北京：中国水利水电出版社, 知识产权出版社.
8. 舍尔·伯林纳德（美）. 2004. 设计原理基础教程[M]. 周飞, 译. 上海：上海人民美术出版社.
9. 章俊华. 2002. 造林书系·日本景观设计师佐佐木葉二[M]. 北京：中国建筑工业出版社.
10. 简·阿密顿（瑞士）. 2006. 移动的地平线——凯瑟琳·古斯塔夫森及合伙人事务所的景观设计学[M]. 曹淑华, 译. [出版地不详]：安基国际印刷出版有限公司.
11. 刘毅娟. 2005. 斯土斯景——以青岛山海轩为例论景观艺术化地形设计[D]. 北京：清华大学美术学院.